开启你的心智能量

你困于什么，就超越什么

周小宽——著

台海出版社

图书在版编目（CIP）数据

开启你的心智能量：你困于什么，就超越什么 / 周小宽著 . -- 北京：台海出版社，2023.4

ISBN 978-7-5168-3507-4

Ⅰ . ①开… Ⅱ . ①周… Ⅲ . ①心理学－通俗读物 Ⅳ . ① B84-49

中国国家版本馆 CIP 数据核字（2023）第 041329 号

开启你的心智能量：你困于什么，就超越什么

著　　者：周小宽

出 版 人：蔡　旭　　　　封面设计：仙　境

责任编辑：魏　敏

出版发行：台海出版社

地　　址：北京市东城区景山东街 20 号　邮政编码：100009

电　　话：010-64041652（发行，邮购）

传　　真：010-84045799（总编室）

网　　址：www.taimeng.org.cn/thcbs/default.htm

E-mail：thcbs@126.com

经　　销：全国各地新华书店

印　　刷：三河市嘉科万达彩色印刷有限公司

本书如有破损、缺页、装订错误，请与本社联系调换

开　　本：880 毫米 ×1230 毫米　　1/32

字　　数：160 千字　　印　　张：7.75

版　　次：2023 年 4 月第 1 版　　印　　次：2023 年 4 月第 1 次印刷

书　　号：ISBN 978-7-5168-3507-4

定　　价：59.80 元

没有完美的养育者。

被爱是一种幸运，

不被爱也并不丢人。

比所有人都更坚定地拥抱你自己，

这既是治愈，也是超越。

此书也献给我的外婆周慧芳女士。

目 录

CONTENTS

第二章　所有的关系最终都通向你自己

第三章　你也可以骄傲而勇敢地活着

推荐序

温柔是一种无穷大的力量

周小宽老师出书了，收到她约我写序的邀请，我内心第一反应是：太好啦！我一定要说上几句。

第二个内心反应是：非我莫属。

我和周小宽老师已经认识 20 年了，如果按照现在流行的说法——我是听着你的歌、看着你的书长大的。那么我就是看着周老师从一个女孩慢慢地蜕变，蜕变成了一个成熟而有魅力的女性，并且成了一位将天赋和专业完美结合的心理咨询师。

作为咨询师的她，是真实和真诚的。

我和她讨论过真实和真诚是什么，我们一致认为，那是一种信念，作为人和作为咨询师都需要具备的信念。

在心理咨询的过程中，咨询师只是把发生在我们身上的一些事情重新呈现，然后引发一些思考。当我们把无意识的东西意识化了以后，才有了让自己重新去看见和去选择的机会。好的咨询师必须有一定的人格力量，有一定的修行功底，只有她不对来访者抱有目的的时候，她才能是一个很好的容器，一面很好的镜子，既能让来访者透过她看到真实的自己，也能给予来访者不带评判的包容。

我很愿意把心理咨询看作有一个人陪你一起“格物”——发现规律，尊重规律，打开防御，面对真实，并对真相去理解和接受，再真诚地做出自己的选择。

周小宽老师是一位这样的咨询师，厉害的是，她还能把这种在咨询中才能体验到的微妙感觉融入文字。

生活中的周小宽老师是一位很有生活智慧的女性。每次见她，她总是那样不疾不徐，走起路来轻轻地，像猫。从身体语言上解读周小宽老师这个状态，是一份淡定。

一个人有了一份丝毫不伪装的从容淡定，才会有那种慢慢悠悠，又很具备节奏的步伐。这是一种人和内心达成和谐的状态的外显。

看她的文章，如听她在身边倾诉。

有一次一位北京的女性好友向我描述了一位广播人的声音，那位广播人叫伍洲彤，好友是这样描述的：伍洲桐的声音就像是在你枕边说话，并且是情话的感觉。她还特意在车里让我听了一下，作为一个男人，我听到车里响起的男中音，瞬间起了一身鸡皮疙瘩。而看周小宽老师的文字，有时候也会有一种鸡皮疙瘩撒一地的感觉，那种感觉，其实可以解释，这就是一种“临在感”的发生，你和作者因为深达心底的文字，产生了心理上的强烈共鸣。

在她的文字分享中，我们似乎总能从中找到自己的影子。

在我的公众号上，周小宽老师会经常供稿。时常有读者这样写留言：“周老师真的温柔而有力量，虽然文章没有教我技巧和方法，或直接告诉我应该、不应该，但是我能感觉到一种疗愈的力量，被看见，被触动，醍醐灌顶，我的疑惑与纠结突然有了答案。”

是的，周老师的文字如人，虽然温柔，却能以温柔述说的方式爆发出巨大的内心力量，引发读者的自我思考和自我对话，帮助读者完成一个建立新认知的过程。

这并不容易，这是心理学加上作者内心力量的化学反应。

我经常秉承的一个原则就是听别人的故事，思考自己的人生，文字的力量也在于此。

中国有句古诗“随风潜入夜，润物细无声”，说的就是一种既温柔又强大的力量，慢慢地、循序渐进地在我们无意识的所在影响着我们，而后的某一天，我们忽然发现，我们竟然实现了某种曾以为很遥远的蜕变——发现自己其实已经不一样了。

没有对生活和人性领悟通透的状态，无法写就这样的文字。在周小宽老师的文字中，我们可以体验到接纳和包容，也常常会一秒入戏。

她有时候会自娱自乐，有时候会调侃，有时候会戏谑，有时候又会有极大的共情和悲悯，这让我感触颇深。她接纳了自己的真实，并将此展现于读者面前，而读者也因此体验到了，何为真正的自我接纳。

我记得在我们做精神分析动力学训练的时候，德国老师曾经跟我们说过这样一句话：“心理咨询最终能起到作用，原因是什么？是因为在一个很好的关系中能够用一种人格去影响另一种人格。”人格其实就是通常意义上的性格。而每次看到周小宽老师的文章，我都会有一种娓娓道来的舒服感，觉得自己的某一部分被呈现其中。

当看到这些文字的时候，似乎就像一个人站在你面前，不带有任何的分析和评判，只是温柔地注视着你，感受着你的感受，对你轻言细语，以她的信念，鼓励你更勇敢地生活。

虽然有关内心，却没有一丝“鸡汤”的影子；虽然有大量的轻心理分析，但并没有一丝说教。做到这一点不易，周小宽老师做到了。

在周小宽老师决定出这本书之前，她问过我一个问题，她说：“读者会喜欢我的书吗？”我记得我对她说：“你是一个非常真诚的人，你可以很真实地去呈现自己，当我们不用太在意他人的看法时，自由和自在才会真正发生。”

真诚和真实是我们的精神所追求的一个最终状态，在那里我们会获得自由。

后来周小宽老师给我回了一条信息：“如果做到真实就好，我已经是这样了。”我特别想为她鼓掌。温柔的力量，源于对自己的真实。

写下这段话时，我也尝试去关注一下自己，我在做什么？没有太多赞誉，只是把自己所看到的和所感受到的周小宽老师真实地呈现给大家。当然，我也特别羡慕周小宽老师有这么好的文字语言表达能力，这也是我值得学习的地方，如我的文字，就无法写出她的那种韵味。

这就是我读周小宽老师文字的体验——温柔是一种无穷大的力量，每一个生命都值得被温柔对待，而真实和真诚面对自己和他人，温柔才会发生并被体会。

关系心理学家

心理咨询师　胡慎之

第一章　永远别丢了真实的自己

当你被命运扼住喉咙，你期待谁来救你？

当你被命运扼住喉咙，无力招架，甚至命悬一线的时候，你期待谁来拯救你？

如果没有人来拯救你，是很悲惨、很绝望的。如果你期待的人，近在咫尺，举手之劳，却只考虑自己，对你的呼救表现漠然而不采取任何行动，任由你在深渊中挣扎，是很让人愤怒的。比悲惨、绝望、愤怒这些情绪更糟糕的是，你发现**真的无人拯救你**。

所以，无论我们向往着多么完美的关系联结，无论你多么想把自己投入去依赖另外一个个体，你都要明白那仅仅是一种愿望、一种想法而已。它有可能永远不会实现，也有可能实现了也会被改变——**涉及他人的，都是未知**。

所以，最重要的是——**当你被命运扼住喉咙的时候，要拥有自救的能力**。

悲剧除了是悲剧，它还有一个意义，就是唤醒感同身受的他人，从而减少悲剧的发生。在悲剧之后，除了怒骂、吐槽、讽刺、恐惧，还有什么？

骂，并不能让某些人变得更好。恐惧，会让我们不得不回避或者放弃一些事情。我认为，面对悲剧，最需要的是**深刻的思考**。

不是所有婚姻都很可怕，但是有的婚姻很可怕。

男人也不是绝对糟糕，但是有的男人很糟糕。

公婆也不是永远不讲理，但是有的公婆不讲理。

你在有些人眼里是生育机器，但在有些人眼里不是。

有的人会在意你的生命，有的人会在意别的，在你和你的家人看来远不如你的生命重要的事情，在他看来，是比你的生命还重要的事情。

重要的不是，充满愤怒地质问“*在我……的时候，为什么他们竟然这样？*”而是，尽量一开始，**就不要让这样的人进入你的世界**。

或者，当你发现了对方竟然如此的时候，就马上远离。

在你做重要决定时，保持应有的清醒，弄清风险和后果，永远不要心存侥幸，永远不要试图粉饰。**因为你的侥幸和粉饰，总有一天可能需要你为此付出沉重代价**——生命是最极端的代价。

很多人做不到以上，内心抱着“如果找到一段关系、一个人，我就可以被救赎”的渴望。于是他们忽视危险、抱着侥幸、一再原谅，奋不顾身地进入一段关系，然后受到重创。

即便生命没有受到威胁，他们的人生，也犹如在死地徘徊了一趟。

糟糕的关系，也就是在你的世界里不断伤害你或者无视你的那个人，会一点一点吞噬掉你生命所有正面的能量，挡住本来在你世界里的阳光。

很多人对爱有一种理想主义的期待，认为爱可以超越一切，超越困境、超越抑郁、超越现实，但那只是理想罢了。如果爱可以解决一切，那为什么还要为生活中的所有其他事情操心呢？**正是因为我们高估了爱，才常常会为爱付出极大的代价。**

相比我们对亲密关系一直以来都存在的强烈期待，我们更应该清醒地意识到，不是不能去保持对亲密关系的期待和向往，而是我们不能把亲密关系当作全部，当作一种幸福的前提，甚至是当作自己的信仰。

在我的心理咨询工作中，会遇到一些来访者，他们给我的最强烈的感受是，他们的痛苦源于他人。

心理学，很强调客体关系。从某个角度来看，人都活在关系里，没有关系我们就难以存活。“我”这个词，是相对于“你”存在的，那么我是主体，你就是客体。

有调查研究显示，拥有好的社会关系和家庭关系的人，更成功、更长寿，由此可见关系的正面力量。

但是，关系也具有相当强烈的负面力量。我和你的关系，不只会让我感到温暖、安全、被爱、存在，还可能会给我带来负面的所有感受：冷漠、危险、不被爱、无存在感。

因为，我们无法控制我们的“客体”。我们实际上根本无法百分百掌控，和我们有联结的客体——你，**会对我有怎样的回应。**

比如，妻子是主体，妻子的行为、付出、情感的对象是丈夫，丈夫是妻子这个主体的客体，任何一个妻子，都希望自己在丈夫心目中，至少生命被珍视。但不代表，任何一个妻子的生命，都会被丈夫珍视。

也就是说，主体的行为，会导致客体怎样的反应，**主体的愿望**

能否在客体身上实现，取决于客体的选择。

如果你是和一个活人建立联结，建立深入的关系，那么你认识到这段关系之中，不会百分之百的事情都符合你的预期，甚至可能没有一件事能符合你的预期，是一种**有必要的清醒态度**。

否则，你不只是会因为对方的回应或改变而痛苦，你还会继续地执着于扭转局面，而在这一过程中，你会持续受伤和痛苦。

“我希望他能重视我。”

“我希望他能肯定我。”

“我害怕他瞧不起我。”

“我担心他背叛我。”

你观察他所有的反馈，最后筋疲力尽、心力交瘁，还要再被他在你预期之外的答案重击。

爱情使人盲目，那你就盲目一段时间，但是婚姻则需要谨慎，生孩子更加需要你自己的思考和决定。

爱情是浪漫的，但婚姻不是一个浪漫的词，它是一种法律关系。它涉及法律、人身安全、财产、子女的监护权等。你的很多权益在法律上，都会和你选择的人捆绑在一起：对方可能是那个当你命悬一线时，在你的手术同意书上签下同意或不同意的人；也是可以在你“精神失常”被认为应“限制民事行为能力”时，有权将你送进精神病院的法律上的第一监护人，而不是你父母或成年子女。

我们不应该也没有必要去恐惧婚姻，我们只需要好好认识婚姻，**放下我们一厢情愿的浪漫偏见或者理想化期待，面对现实，不再活在梦幻之中。**

你不是不可以活在你的梦幻之中。有的人就是无论现实如何，都可以做到逃避粉饰、自我欺骗、岁月静好。从某种角度说，这样也是一种幸福。但或许终有一天你还是要为你的梦幻付出代价。如果是我，宁愿早点醒来，咬牙成长，在我和他人的真相里，有选择地、平静地过完人生。

我会对一些抱着迷茫正处于痛苦中来咨询的来访者说："心理咨询不一定能解决你现实中的问题，但是我希望我可以帮助你，然后你可以看到和面对自己及他人的真相，因为只有看到了真相，你才能基于真相做出你的选择。"

我们害怕被别人欺骗，可有时我们也会被自己欺骗。我们会忽视自己的情绪，一直压抑某一部分的自己，我们有时因为执着于对关系的期待，而忘记其实最应该**为我们的快乐、健康和生命负责任的是我们自己。**

在你被命运扼住喉咙之前，你的责任是保护自己，尽量不让自己置于危险之中，当你被命运扼住喉咙时，你的责任是，为自己挺身而出；你的责任是，不让自己成为任何人欲望的牺牲品；你的责任是，不让自己成为任何你不认同的观念的祭品。你可以对他人心存善意，但这不等同于侥幸和幻想。

关系不是任何人的救赎，不是宗教也不是神。

关系、爱人、婚姻都承载不了整个你。你要生出力量，承担自己。

所有真正在寻求自我成长的人，即便处于再糟糕的境地，即便有着价值感低、不那么稳定的人格，也仍然是勇敢地想为自己承担的人。

如果有一天，你被命运扼住了喉咙，你期待谁来救你？

你不是因为年龄焦虑，而是在别人的标准里迷茫

“不要过他人的生活，不要盲目认同别人定义的，做女人就要做自己，你内在的一切就是你作为女人的身份。”

——维奥拉·戴维斯

“全心做你自己，不要模仿他人，坚持自己的直觉和勇气。”

——菲丽希缇·琼斯

我面对过一些在我面前寻求帮助的女性，她们很努力地想要坚持自己，但是不得不在强大的“主流的标准和别人的期待”下低头，

她们活了二十几年、三十几年，第一次体验到为自己去争取一件东西的快乐，破除常规、放弃安稳，她们愿意去付出这个代价，但是即便如此，她们还是会在内心不断谴责自己，是否过于“任性”？

我看到她们哭泣、自责、无助、煎熬，站在人生的十字路口，等待一个让她可以拥有更多力量和决心的时机。

大多数人都在过的生活，不一定就是适合你的生活

偶然看到一段视频，拍摄了在奥斯卡走红毯的好莱坞女明星对女性们的一些建议，**“不要过他人的生活，不要盲目认同别人定义的事情”**，当我看到这句话，我非常想分享给曾经来到我面前，希望得到力量和肯定的支持的女性，也想分享给每一个可能看到这篇文章的读者。

年龄，是每一个女人都可能会有的恐惧，因为身为女性，我们的生理和面容会随着年龄的改变发生变化，这是你无论怎么健身、整容都必须要去面对的一个现实，我们在心理层面需要去面对它，适应它，在这个过程中感到一些焦虑和惶恐是正常的。

于是有的人急于寻找摆脱年龄焦虑的方法，急于寻找一劳永逸的答案。

于是，你会发现，在适当的年纪结婚生子，建立家庭，成为某人的妻子或者成为妈妈，这是一种看起来最好的抵抗年龄焦虑的方法。而且很多人看上去，也因此过得不错，至少“看起来”是如此。

这个方法适用于多数人，但是不等于它就一定适合你。

而且，你身边选择了以这种方式去抵抗年龄焦虑的人，你有没有真的去调查过，她是否后悔了？她是否满足于现状？她是否在自欺？她是否也正在寻求改变却苦于代价的高昂？或者碍于父母亲朋的眼光？

你不知道这个方法是否适用于你，不知道它是否真的适用于那些已经这样做的他人，那么你实际上并没有什么真正可靠的借鉴，不是吗？

所以，当你差一点要向多数人靠拢，向传统的标准靠拢，向父母或者姐妹的说法靠拢时，当你犹豫、纠结，当你内心的声音开始和别人的声音打架时，我把这句话分享给你——不要过他人的生活，不要盲目认同别人定义的事情。因为大多数人的选择，不一定就是对的，不一定就是适合你的。

因为你的生命是你自己的，你要首先为它负责，而不是为别人负责，反过来，也别躲在父母和他人的后面，推给别人负责。

在你的生活中，那个每天感受着一切情绪，会期待、会思考、会难过、会愤怒的人，是你自己，而不是别人。

如果你在意别人的眼光，动辄得咎，如果你不思考别人的是不是适合自己，那么你也就把过上自己想要的生活的权利拱手相让——甚至，你根本就不知道自己内心究竟想过怎样的生活。

2. 坚持自己说得容易，做到从来就很难

“传达属于自己的理念很简单，但是将它运用到生活中却是极其困难的，我觉得需要花很长的时间，才能找到你快乐的源泉以及你的目标所在。”

——安娜·法瑞丝

谈论“做自己”，假装潇洒，很简单，但做到“无论如何坚持自己的理念”很困难——特别是在我们的文化背景和家庭教育之下。

中国有悠久的历史，其中有着数千年的男尊女卑的封建理论观念。

在心理学的角度，这种潜意识的代际传承不能也无法忽视，它是一种现实存在，它不是随着经济和生活状态的现代化，就能从我们的大脑中根除的。这种思想深处的改变是需要过程的，而且会非常缓慢和艰难。

这就是为什么现代很多女性明明毕业于名牌大学、有着收入不菲的工作，明明经济独立，但在面对丈夫有外遇的情况下，第一时间想的还是怎么打小三，“小三现在都活得像正室了，正室得活得像小三”，而不是去面对婚姻的困局开始冷静地思考，这段婚姻、这个男人对我还有没有意义？我是否还想要这样的生活？我能不能换个更好的活法？

还有那些明明没有找到理想的伴侣，对一个人没有什么动心的感觉，却努力说服自己走进婚姻的女性，只是因为“相亲了那么多，这个男人各方面都还可以，对我也不错，而我马上就三十了”。

面对女性的身份和年龄的焦虑，她们不是没有自己的声音，不是没有努力过，但是要和庞大的深入骨髓的文化背景和代代传承的主流观念抗衡，要改变潜意识中对自己女性身份的轻视、不认同以及焦虑，自己的声音就显得那么微弱，那么渺小。

坚持自己说得容易，它却绝对不是一件容易做到的事情。

“任何女性，任何人，不要寻求认可，

你在等什么，你想要什么，才是最重要的。”

——阿娃·杜威内

“在你听到一声肯定之前，会有很多否定，但请享受这个过程，拥抱挫折。”

——杰米·钟

如何坚持自己的声音？

如果你不能放下对于“认可”的执着，无法承受挫折，那你根本不可能“成为你自己”。你至多只能成为别人眼中的完美女性。如果你竖起耳朵，一心只想听到别人（父母、朋友、社会舆论）对你认可的声音，那么你就很难再听到自我发出的声音。

3. 如果你足够强大，就能跨越低层次的需求

人本主义心理学的代表人物马斯洛，可能很多人都听说过，知道他的需求层次理论：满足了生理需求、安全感、爱和归属的需求，更高的层次是自尊的需求和自我实现的需求。这些需求是驱动我们的心理动机。

但是你或许会有误解，觉得这个需求的层级是不能逾越和改变的。

只有在现实中满足了生存和安全感的需求我们才能往下进行，追求更高层次的满足。

不，如果一个人能够有足够强大的自我力量，能相信自己的直觉和勇气，那么她完全有可能跨越前几个层次，去到“自我实现”这个最高的阶段。

马斯洛说过，需求的层次发展原理只是一般的模式，在实际生活中，层次并不是固定不变的，例外是很常见的。

“在一些人身上，自尊比爱更重要，还有一些人，即使过着贫困的生活，但积极投身于创造活动。这些人是坚强的人，对于不同的意见或者对立观点能够泰然处之，能够抵抗公众舆论的潮流，能为坚持真理而付出个人的代价。”

“如果说婚姻和工作满足的是你生存和安全感的需求，感知到真正的自己，把这个真正的自己实现了，才是更高层次的、更重要的内心需求。”

“生理需要虽是基本的，却不是人类唯一的需要，对人来说，较高层次的需要才能给人们持久而真正的快乐。”

——马斯洛

希望你三十岁就可以结婚的父母，可能觉得你的当务之急是满足生存需要，因为在过去的社会里，一个女人如果没有丈夫，她就难以养活自己和孩子，会备受歧视，非常凄凉。这种潜意识中的危机感，也会印刻在你父母辈的脑海中。

但是假如你现在三十岁，即便不靠父母和男人你也不会饿死，也能体面地生存，甚至你也能凭借自己的力量让孩子得到良好的生活和教育，那么男人、婚姻，甚至一份稳定的工作，就不再是你满足基本生理需要和安全感的必需品了。

你就完全可以脱离满足生存和安全感需求的层次，去满足自己更高的需求——爱、自尊和自我实现。

4. 别总因为父母的不认可就“审判”自己

如果你没有在自己和别人之间划出一条清晰的界限，那么你很难保持独立的、有积极意义的思考。

很多人觉得，和父母或者大环境抗争很艰难，维护自己的想法，似乎就是对父母的背叛。

但是，换一个角度，一个你并不满意的婚姻或者工作，如果是父母或主流标准让你去选择的，那么你或许满足了父母，却是在背叛自己。

父母不一定是对的，父母的想法也不一定适合你，即便他们非常爱你，他们也有他们的局限。

因为我们的祖辈、父辈，很多人用了一生的时间，也只能勉强满足自己基本的生理需求，勉强实现了马斯洛的前三个层次，而根本来不及在有生之年到达更高的自我实现的层次。

但你所处的时代不同。“如果我可以养活自己，给自己安全感，觉得自己有价值，那么此时此刻，我就可以走向自我实现的需求，而不需要在基本需求上浪费时间”。

这是这个时代赋予你的幸运，你比你的父母要幸运。

因为你和父母不同，你和他人不同，所以如果要坚守自己的界限，你就必须对他人试图强加给你的选项，表达明确的拒绝，而不是奢望所有人都自动赞同你。

这不是对父母的背叛，而是成长。**别总是急着审判没有得到别人认可的自己。**

自己给自己下定义，而不是去接受他人对自己生活的定义，就是自我实现的重要的一步。

年龄的焦虑，身份的焦虑，不是一个做了什么就能从根本上去除的问题，能够接纳和承受住这种焦虑，和它共存，同时按照自己的节奏走自己的路，就是最大的成功。

我喜欢这种有生命力的状态，即使其中有抗争，有痛苦。

“善待自己，爱自己的不安感，因为随着你长大，这些东西会造就你。”

——科洛·格雷丝·莫瑞兹

你真的在爱自己吗？我编了一个“爱自己”的故事

我身边有一些这样的朋友，她们看上去很爱自己。

看上去？对，看上去。

我的闺密大H，出门前至少要在家里折腾一个小时，从洗脸、涂爽肤水开始，到换好衣服——其实一小时不算什么，她光是洗完脸往脸上涂的东西就有五种，更不用说她是那种不画眼线、不贴上假睫毛就绝对不迈出大门的人。

我不是贬低她，我的闺密大H和很多女孩一样，觉得要对自己好一点，要爱自己多一点，所以要舍得买漂亮的衣服，要买好的保养品，要把自己打扮得美一些，让自己心情更好地出门——这就是爱自己的表现！

但是，最本质的爱自己，是能够肯定自己的可贵，能够相信自己的优秀，能够认可与接纳自己的全部，能够在艰难的事情上做出自己内心的选择。

爱自己和对自己好一点，与买好衣服、用好的保养品不能画等号。

爱自己，不是用物质或者时间的维度去衡量，爱自己说的是内心。

表面化的爱自己，有时候正是烟幕弹，掩盖了我们不爱自己的真相，让我们可以顺理成章地自己都察觉不到地自我欺骗说："看！我还是对自己蛮好的嘛！呵呵！"

大H是家里的二女儿。小时候父亲常年不在家，妈妈带着两个孩子生活得很寂寞，家里没有男人，三个女人组成一个家庭，虽然经济过得去，可是女儿盼望着有爸爸的那种心情，却被现实冲刷到了阴沟里。

没有人在乎这个出生之后就没怎么和爸爸亲近却非常期待能得到父爱的小女儿的心情。一个四五岁的孩子，也无法表达。

父亲的爱和肯定，奠定了一个女人一生的基础。特别是在亲密关系方面，在一个女人面对男性世界，面对其他女性的存在时，她能觉得自己很特别、很自信、很值得被爱的基础。

因为父亲是女性人生中接触的第一个男人，也隐喻地代表了女性生命中的男性世界。

闺密大H好多次对我说，她只记得儿时那种特别渴望爸爸回家的心情和见到爸爸回来缩在一边，想靠近却无法像姐姐那样自如地和爸爸贴近、撒娇的矛盾。这些感受，深刻地留在了她的记忆里。

她长得很美。

她有一双丹凤眼，皮肤白皙，身材颀长，气质出众。学习成绩虽说一般，毕业后还去进修，拿了注册会计师的资格，工作不错，在单位很受肯定。

可是她不是一个自信的人，内心深处总觉得自己不够优秀。所以她交的每一个男朋友，都配不上她。

她嫁给了一个看上去一般的高大的男人，婚后两年生了儿子。

在婚姻里她越来越寂寞，她似乎也无力去好好解决婚姻中的问题，没法有效地和老公沟通，总是开口就埋怨自己在婚姻里得不到爱，老公和她感情越来越淡，她开始两三年是哀怨，后来看开了似的对我说："我不理他了，过好我自己，自己赚钱自己用！"

她给自己买很贵的衣服，买两千一瓶的精华液，做一万多一次的超声刀，她说，以后把钱都花在自己的脸上。这样才是对自己的爱。以前都白活了，我要好好爱自己。

我想说这并没有什么用。

困在一个没有质量的婚姻里，不面对、不解决、不选择，眼不见为净，花钱把自己的脸弄得稍微漂亮一点，这样就是爱自己吗？从三十岁耗到快四十岁，这就是在对自己负责以及对自己好吗？

突然间我有了一个疑问，有的人，正因为内心深处并不接纳自己，也不认可自己，实际上她们的这种不爱自己，不正是通过这种方式体现吗？

然后，她们就躲在这种自己编的“爱自己”的故事后面，还以为自己正在做着爱自己的事情。

静水流深。

我们做事情给出的合理化理由，往往不是我们内心深处的真实想法，真正的想法总是被掩盖得很深。

潜意识里有了一个想法，然后我们的意识再用各种理由包装，把这个潜意识不被意识所接受的想法，合理化了。这样潜意识的自动化想法就可以数十年如一日地运作，而不让我们的心情和大脑感到明显的剧烈的冲突。

闺密大 H 潜意识的想法是，我不够好，不值得爱，不够优秀。

所以当她遇到比较糟糕的男人，她不会拒绝，她会觉得这个人其实还挺适合我的——别人给这个男人打 60 分，给她打 80 分，但是她给自己其实打的是 40 分。

当她在婚姻里遇到了问题，她没有信心去解决，她潜意识的想法是，我就只配得到这样的婚姻和对待，因为我不够好，我不是一个完美的妻子和母亲，我不够美丽、温柔、有魅力。

所以其实她内心深处连改变这种现状的强烈动机都没有。她有痛苦和不满，却采取不了行动，因为潜意识一直在拖她后腿。潜意识黑暗的那部分对她说，人生本来就是这样啊，爱情本来就不属于你啊，你本来就得不到爱的啊！

那还努力什么啊！

但是总得做点什么吧。

于是，她选择不再和潜意识过不去，而是去做点容易的事情。买东西、美容、化妆，这些是比较简单的事情，然后我可以告诉自己，告诉所有人，我是很爱自己的，很疼自己的，我也知道自己很美，我每次出门都光彩照人，我也有追求者。

她对自己不好，也没有好好爱自己，所以要找不那么好的男人，所以要待在糟糕的婚姻里，所以任由自己孤独、哀怨、麻木，但是一个人的意识怎么可能去接受自己对自己如此不好呢？

一个人的意识怎么能接受——我真的觉得自己不配得到更好的生活，其实我不怎么爱自己，我对自己一点也不认可呢？

意识无法接受这种荒谬，所以潜意识需要伪装，来让我们的内心逃避巨大的冲突。

如果我多花点钱在自己身上，如果我去旅游，如果我不再把钱拿去建设小家而是多做点超声刀，如果这几天老公都对我很冷淡，我就去找十年前的男友热聊……

于是我觉得我很爱自己了。

于是我成功地把潜意识中我不爱自己的真相掩盖了。

还能感觉到痛的人，还想抗争的人，其实是爱自己的人。

在明明不好的境遇下，选择回避，选择认同，选择麻痹自己，思维自动化去补充各种理由的人，恐怕对自己的爱还在沉睡。

爱自己是从心开始。

你有多久没面对过自己的心了？

很多时候，物质、条件、标签，那些东西并不会真的让我们的心感到充实和愉悦。伪造的快乐，是假快乐。

我在我闺密大H精致的脸上，其实已经很久没看到真正的喜悦了。在眼线笔、隔离霜、烈焰红唇的后面，我看到的还是她那颗小女孩的心。渴望着爸爸的肯定和亲近，内心无力、寂寞、委屈。

有读者在后台留言给我，说自己活在父母/姐姐/哥哥的阴影中，小时候不被肯定和关注，现在特别自卑。

尽管已经为人父母，在社会上有自己的位置，但是还是觉得自己不够好，还是急迫地想让自己变好，问我怎么才能找到自己、爱自己？

有没有什么具体的方法？

我想对这样的读者说，你可以在这里留言，或者可以在心里对自己说：我总觉得自己不够好，我找不到爱自己的方法，我该怎么改变自己——这些已经是你爱自己的开始了。

因为至少你看见了那个阴影中不被爱的自己。

你没有用物质、忙碌、标签或者其他乱七八糟的东西去掩盖那个真实的自己，你在这个喧嚣的人生中，还有试图找到自己的动机。这就是对自己的接纳和爱。

原生家庭创伤下的童年，让那个真实的缺爱与缺肯定的你，躲在了迎合大家需要的假性自我的后面，如果你一直在用各种东西掩盖那个真实的你发出的痛苦的呐喊，想让自己只体验目前的安稳和谐，保持平静，保持对糟糕现状的平静接纳，你会越来越找不到那个真实的你。

我可以理解闺密大H的不想面对，也可以理解你的。

我们都不愿意回去和那个曾经弱小的，不被爱的自己赤裸相对，不愿意再触碰那些让我们悲伤的，最让我们无法承受的感受。

可是如果她就这样一直孤独地被尘封在那里，开始是被父母忽视，再然后是被长大的我们的意识和大脑回避，那么这个真实的我，就一直无法得到成长。

她感受到的，就是全世界包括自己的拒绝，没有养分，没有被看见，没有爱，她会死亡。

所以如果你问过自己，我要怎样找到那个我，我要怎样停止觉得自己不够优秀，我要怎样才是爱自己，那么至少你看到了。

记住这一刻。

要让伤口见光，伤口才会好。

如果正能量只是建立在掩盖我们内心的伤痛，那么这种所谓的正能量和积极不会给你真正的平静。

有一个伤痛的、不被爱的自己在心底，不丢人。

很多文章都说，把向外的眼光收回来，转而向内。现在重新体会一下这句话，不知道你是否会有进一步的理解？

其实，很多人之所以找不到自己，是因为他们不允许自己找到。害怕遇到那个自己，害怕那些曾经的过往，得不到爱的回应的羞耻感，悲痛和愤怒都会回来。

可是你只有让它们出现，让它们回来，接纳它们，你才能真的放下它们。

生活中很多的考验和难题都是我们找到自己和爱自己的机会。

就如同大 H，如果在这段婚姻里，她愿意去承受失去丈夫这个标签带来的痛苦，当这种不被爱的痛苦呈现出来，卸下所有的“爱自己”“我很优秀”的伪装，让她再度回到年幼时的自己的身边，再度体验这种痛，就是一个成长和疗愈的机会。

你可以足够勇敢地剥离那些伪装，走进自己的心吗？

如果今天你就选择放弃这份工作，放弃这个不合适的伴侣，放弃你一定要保住的某个东西，你可以吗？

你可以先和那个自己待在一起，再选择你真正的目标、真正想要的吗？

有关我们的真相，本身就是治愈。

这个有关真相的故事，全世界只有你知道，也只有你会去解读。

如果你都不去读，那么它就会被埋葬。

愿意看关于自己的真相，愿意走进自己的内心，而放下任何拼命掩盖真相的努力，就是爱自己的开始。

我真的无法承受糟糕的结果

“人是一种不断需求的动物，除了短暂的时间外，极少达到完全满足的状况，一个欲望满足后，往往又会迅速地被另一个欲望所占领，人几乎一生都总在希望着什么，因而也引发了一切……”

——马斯洛

如果不能停止对于欲望强烈的追求，你永远也无法离开焦虑。

谁能完全脱离对欲望的追求？

很多人都不能，我们的欲望层出不穷，满足了一个，另一个就来了。

我们想要满足它，害怕不能满足的这种心情，就会让我们体验到焦虑。

所以，当一个人焦虑地问起“我怎么才能不焦虑”时，她其实是提出了一个让自己很焦虑，而且没有答案的问题。

可以说，焦虑是所有人的问题——如果你把它当作一个问题的话。

1. 引发焦虑的欲望，无处不在

有人说，我并不是有什么特别的欲望，我现在是生活得特别累，焦虑到心累。

一位读者说：“我躺在那一天，也心累得不行，很想知道我怎么消除我的焦虑。”

也有各种因为焦虑而去咨询的来访者，比如考试前睡不着、担心自己今年无法结婚、感觉不能胜任目前的新岗位、害怕自己的身体突发疾病……

但是这些其实都是欲望。

想要平安、幸福、健康、有好家庭、有好工作、一切都不出状况、永远顺利地进行下去，这难道不是欲望吗？

所有的“想要”，和绝对“不想要”都是欲望。

一旦有这种欲望，就会引发我们的焦虑。

咨询中，会见到很多害怕考试或者害怕一件事完成不好而引发焦虑症状的来访者。

人们都会有或多或少的焦虑情绪，但是焦虑症状则会更为严重一些：手心出汗、脸红、心跳加速、睡眠失常、情绪紧张，一遍一遍强迫性地思考这件事最坏的结果而无法停止，还有的会有呼吸困难的现象。

他们特别担心一件事的结果不如预期，总是担心，总是害怕，心理状态和神经系统都会因此而受到影响。

我和一个读大学的来访者，曾经有过这样的对话：

“我很担心考试失败，担心闹钟不响睡过头。”

“如果这次闹钟没响，期末考试失败，直接后果是什么？”

“我会得零分，重修。”

“重修然后还是要考试，考试前还会有焦虑，闹钟还是可能不响。”

“那我肯定还是一样焦虑，害怕考试害怕闹钟不响。”

“补考闹钟没响，你又一次得零分，这个概率微乎其微，但是如果还是发生了，后果是什么？”

“我要晚一年毕业了吧，应该还是能毕业的。”

“你才二十岁，晚一年或者两年毕业，其实对你八十年的人生来说，这个晚的时间是你可以承受的。”

我在做的，就是让她看到，闹钟不响，考试得零分最严重的后果，究竟是什么，而她能否承担。

我们总是做很多努力去挡在我们“最大的害怕”前面，**焦虑也是其中一种努力，是一种本能地阻止“坏的后果”发生的心理机制**。

如果适度焦虑，我们会重视考试、好好复习、临睡前检查闹钟，那么至少我们能以一个比较好的状态去应对重要的考试。

如果完全没有焦虑，什么都不在乎，没有这样的情绪反应，估计人类也活不到今天。

还在是类人猿的时候，人就会因为毫无焦虑地睡得太死，没有防备措施被陆地上生活的各种猛兽吃光了。

所以，我们因为焦虑做出努力，挡在我们和“不想要的结果”之间，这就是人类基因的一种必然。

就像这个大学生，她害怕考试考不好，所以在意闹钟会不会响，情绪紧张也是正常的。

2. 适度焦虑 VS 过度焦虑

那么适度焦虑和过度焦虑区别在哪里?

“适度焦虑”的人的内心想法是:

这件事多半不会出现那么糟糕的结果，有这种结果也不会发生在我身上；即使真的那么糟糕，天也不会塌下来，我还是可以承受的。

“过度焦虑”的人的内心想法是：

这件事很可能会出现最糟糕的结果，没有人保证一定不会，就有可能会；如果出现了那种最糟糕的结果，我不敢想，我无法承受，我会毁灭！

前面说了，人活着一定会有欲望，有想要的，不想要的。

这种欲望就会引发焦虑，但是在适度和过度之间，我们可以看到每个人完全不同的内心体验。

焦虑情绪比较强烈的人，或者说焦虑型人格的人，他的思维倾向于两种特质：

（1）内心总是充满负面情绪，不由自主地对结果进行负面推定。

（2）承受力差，无法承受失败、犯错、被指责、不认同。

一个被焦虑逼得走投无路的人，多半有着极度不自信的内心，对自我的接纳度很低，对自我非常怀疑，因此难以承受些微的指责和错误或者他人的不满。

这个人无论看起来多么优秀、自信、骄傲，他的人格里面都有因为不自信和不接纳，而极度脆弱的一面。

其实，也可以理解为对结果的执着。

不那么脆弱的人，往往对结果不那么执着。过度焦虑的人，则往往要求结果一定要在自己可接受范围之内。

之前，我们说到了，欲望无处不在。如果，对于**欲望抱有执念**，那么**焦虑当然会让我们无处可逃、恶性循环，折磨我们直至筋疲力尽**。

当你焦虑的时候，尝试跳出来问问自己，你对这个结果执着吗？

“可我真的无法承受糟糕的结果”

“所有的心智发展都来自照顾者对孩子照顾得怎样后，照顾者能承受住婴儿的焦虑，婴儿就能发展出真我。”

——温尼科特

温尼科特这里提到的“**婴儿的焦虑**”，其实和很多人在成年后，感受到的无法承受的**过度焦虑，是一个东西**。

婴儿期的焦虑没有被照料者很好地接纳和安抚，那么这种未被接纳的焦虑，可能会在一个人的内心生根发芽。

我们会记住这种婴儿期的内心体验。

某个危险或者不喜欢的情境出现时，就会唤起我们这种强烈的焦虑，在那一刻，你仿佛又进入了当年那个婴儿的状态。

婴儿如果呼唤妈妈，长久没有回应，就会有“我可能是孤独一人在这个世界上，我会被饿死冻死”的焦虑，这种焦虑无疑是一个婴儿难以承受的。

一个人面对考试，或者工作产生了压力时，如果勾起了他婴儿期就有的那种未被安抚和接纳的焦虑感——这个成年的他就会体验到**一种类似婴儿不被任何人接纳的极度恐惧的感觉**。

这种感觉太过可怕和强烈，会让这个人觉得考试糟糕或者工作不好就是极度可怕的结果，但其实，并不是考试或者工作任务那么可怕，而是因为他被唤起了婴儿期的那种未被接纳的焦虑。

可以说，那种婴儿期的焦虑，是很难让人承受的。

这样去看待内心脆弱、过度焦虑的人，觉得自己无法承受“任何糟糕的结果”的这种心情，就很好理解了。

“我就是无法承受糟糕的结果”其实是在说：我绝对不要再去体验那种婴儿时期的未被接纳的强烈恐慌。

我们可以这样去理解我们身边那些极度焦虑的人，也可以这样去看待自己有时会出现的不可控制的强烈的焦虑，慢慢去分析它，面对它，允许它出现，它就会变得没有那么可怕。

理解了焦虑本身，焦虑的人就不会因为过于抗拒这种感觉，而去消耗自己全部的力量与之战斗，最后败下阵来。

要正视的一件事情是：**你永远无法消除你潜意识的真实感受和情绪，即便它已经非常久远。**你能做的只是看到它、分析它、释放它、转化它。

但是，有时候我们也可以降低我们焦虑的水平，至少让它不要愈演愈烈。

我们的大脑中有一个自我保护机制，如果大脑判断你快要遇到让你无法承受的感觉，为了避免这种可能淹没你的“不好的体验”，你的内心防御机制会启动，对你发出信号，“报警、报警、前方有威胁”，然而它往往会反应过度——也就是说，如果一个人站在自己最畏惧的结果边缘感到无比恐惧，因而止步不前，被焦虑逼得无处可逃，很可能是这种报警信号有点过头的反应，放大了让你恐惧的感觉。

也就是说，其实你“感觉”特别让你恐惧的事情，并不是真的那么可怕，你的大脑有可能让你产生错觉。

你可以尝试去思考那件可怕的事，或者尝试接受那个可怕的结果。

就像玩过山车。

我胆子很小，从不玩过山车，我想我是很恐惧过山车那种激烈的速度和半空俯冲的感觉。

有一次我去一个大型游乐场，看到了一个类似山洞火车的游乐项目，也不高，我就看到那辆车有一段是从山洞钻出来，速度很慢，于是就去排队了。

坐上车我才知道，这是一辆室内过山车……

速度很快，也不矮，因为在室内，所以我在外面观察的那个角度，根本不可能看到它的全貌，就误以为它只是老少皆宜的“森林小火车”。

的确很刺激。但不至于要了我的命。

这次阴差阳错的体验，让我可以自豪地说：“过山车原来也不过如此嘛！”

4. 结语

一个未被接纳的人，会不自信、习惯性地自我怀疑，不允许自己犯错，看起来似乎就会一直绷紧神经活在自我要求的焦虑中了，那么，我们还可以做些什么？

其实我们内在的小孩，也有自我疗愈的力量。

我们的潜意识，也可以调换频道，讲述不一样的故事。

改换视角和认知，也会带来不同的内心感受。

你可以尝试去思考：

（1）慢慢建立自信，自我接纳，去想我有没有依靠自己取得的成功？这说明了什么？我有什么优点、特别之处？

（2）如果我真的很糟糕，不能被所有人接纳，我还能和谁保持亲密的可信赖的联结？

（3）内心的小孩，从未被接纳所以总是恐慌焦虑，但是现实中的我可以作为一个大人去保护那个当年的小孩，我来做他的养育者，守护他、陪伴他。

焦虑，是一件很常见的事情。

放大它，强调它，你的焦虑也许会更让你畏惧。

正视它，面对它，与它化敌为友、共同生存，你会发现你的焦虑背后发出的声音和渴望，是需要你去探究的你的真相，和你需要去做自我成长的部分。

就这一点来说，**焦虑，或者所有让我们不安的情绪、痛苦，都不是坏事**。

它提示我们：从现在开始，不要再回避内心的阴影，问题就是契机。

所有**问题都会最终帮助你成长**。

说不出口的愤怒，有毒

今天，看到一个好朋友 A 的朋友圈，她说：

“昨晚听说很久之前认识的一个朋友，因为抑郁症走了。从今天开始，我要把好好爱自己当作人生最重要的事情去做。”

我的这位好朋友，几年前也得了抑郁症。和我不在一个城市的 A，彼此联络并不是很多。等我去年见到她，和她面对面坐下聊天，她告诉我，她花了好长时间，才从那种糟糕的心境中走出来。

我可以体会到她的那种艰难。A 在一所学校做老师，是家里的独生女，各方面条件都不错。三十岁开始，没有男朋友的她开始感受到压力，这种压力日趋明显，她妈妈给她安排各种相亲，单位的各种年龄阶段的女性都对她议论纷纷，她渐渐觉得自己开始不对劲，曾经对自我价值感的肯定一点点消失，“在我最糟糕的时间里，我觉得自己一无是处，我觉得爱情永远不会到来，我不孝，也没有魅力，我曾经为之努力的一切在一个男朋友面前都失去了意义。”

她不知道用什么当作她负面情绪的出口，她一向是个乖巧文静的孩子，只是内心又非常敏感，负面情绪累积得越来越多，渐渐地，她无法入睡并且会早醒，怀疑人生的意义。

1. “得抑郁症的都是好人”

在心理学里面有一种说法，得抑郁症的都是好人。

这不是一个绝对的说法。它的意思其实是，因为一个好人不懂得攻击别人，没有发泄负面情绪的渠道，因而好人会比其他人更容易将攻击转向自己。

心理学中，关于人心理功能的防御方式有很多种，大部分人都是用防御来让自己感觉良好，但是好人运用的防御方式是自我攻击和自毁。

我无法给这类好人下个清晰的定义，实际上这类人很可能并没有明显的标签，或者看上去也是特点不同的。但是，他们会有一个共同点，就是不懂得如何发泄自己糟糕的情绪，不懂得如何处理自己的攻击性，或者说，他们的潜意识模式在这种发泄、处理上是有欠缺的。

我以前读大学时的一位老师，就是一个看上去永远不会发火的男人，对人谦和。他妻子则完全不同，也是我们学院的老师，说话大声、脾气大，经常斥责学生。

记得有一次，我在学校附近水果摊撞见这对老师和卖水果的摊主争执，似乎是他们买回去的水果烂了，他妻子破口大骂，要求老板退换，而我的老师站在一边，想扯开妻子又犹豫不决，似乎想劝架又被妻子一只手推开。我至今记得他当时的身影和表情——孤独、落寞，妻子当街和小贩的争吵扯下了他想要保全的颜面，而他却无力表达一句指责和对这一切状况的愤怒。

我不知道那一刻这位从来与世无争的谦和的男老师有没有看见我。

但我知道，在我毕业的第三年，他从居住的楼顶跃下，因为抑郁症。

生活当然不会十全十美，我们总是会被各种自身的负能量和他人投射过来的负能量围绕，从不发火、从不失控、从不表达愤怒、从不攻击他人，这样的人比其他人更容易患上抑郁症。

他们没有一个很好的方法去疏导负能量，负能量埋在内心，被他们尽力压抑、克制，想办法消化，但是人的力量毕竟是有限的。

当正能量无法再去有效转化负能量，而负能量越积越多，到了一个点，它对人的神经的伤害几乎是不可逆的。至少，你必须要通过医生和药物的专业治疗才能缓解，而无法将它控制在可以自我调整的范畴。

2. 有愤怒就要表达，有压力就要释放

你有没有试过气到全身发抖的感觉？

我试过，有一次我遇到一个在景点停车场对我们乱收费的大爷，我和他理论不成就发火了，还威胁他说我要报警，当时坐在我车上的另外四个朋友都吓坏了，他们说，从来没见过我这样愤怒。

我记得那种愤怒，愤怒几乎将我淹没。我也记得我身上涌出的、对这个企图通过不法手段多收停车费的人的强烈的攻击性，愤怒和攻击性的能量很强，以至于那一刻我“忘我”地进入了一种很本能的表达攻击性和愤怒的状态，所以那个时刻我的样子让朋友们震惊——那不是平时文质彬彬、温和有礼的我，而是一个张牙舞爪、锱铢必较、满怀敌意的人。

但这就是人。

人的本能里就有攻击性。我们在婴儿时期，就会有本能的愤怒，我们呼唤妈妈的乳房，如果没有得到回应，我们就会马上觉得这个乳房非常坏，我们会对乳房和妈妈感到愤怒，有的婴儿会攻击妈妈的乳房，接下来我们的内心还要完成一个运作，就是将乳房坏的那一部分投射出去，而不是和我们自身连在一起。这样我们才能构建一个安全的港湾，即我是好的，那个是坏的。

也就是说，一个人的本能里有和爱一样多的恨。

在这个广义的恨里，有大量的攻击、愤怒、不满。有这样的本能不意味着一个人是“坏人”，因为每个人都有，我们通过很多方式去表达它，但如果一个人的心理机制有问题，无法表达愤怒、攻击，或者在他的生活中他不得不在理性上强烈压抑自己，不能去攻击他感到愤怒的那个人、那件事，他可能就无法有效地释放和转化自己的攻击和愤怒。

这种强大的能量，如果无法释放和转化，就会毁掉他。

我可以对乱收费的老人“忘我”地发火，在那一刻我并不在乎我看起来是不是“恶人”，这说明在我的“超我”里，或者潜意识里，对一个人表达我已经无法控制的愤怒，即使过火，也是可以被接受的，被容纳的，不会对我的生活、我身处的世界带来永久性的摧毁。

但在有些人的潜意识里，愤怒、发火、攻击是不能被接受的行为，会带来毁灭性的感受。所以，他们宁可将矛头转向自我攻击，也无法合理表达自己的愤怒与压抑。

这个世界上有些人，因为童年母婴关系，或者严厉的家教，父母相处模式的影响，在他们的潜意识里，对他人表达明确的愤怒是极其恶劣的、绝不能被超我允许的行为；或者他们有过巨大的关系创伤，导致他们在潜意识中认为，如果明确地表达愤怒、攻击，则会永久性地毁掉亲密关系，让他们体验到一种无法承受的被抛弃感，沉入深渊的感觉——因为内心深处畏惧关系的破碎，害怕别人觉得自己不好，所以必须压抑自己去维持关系。

3. 如果不向外表达愤怒，就容易向内攻击自己

有这样一种人，他们无论发生任何事情，总是先找自己的原因，即使对方侵犯了自己的边界，他们还是会为对方找理由，而无法为自己内心深处被侵犯、被伤害的愤怒找到出口。

如果两性关系出现问题，他们会受到巨大的内心冲击，他们会觉得“对方对我这么糟糕说明了我不够好”；而不是“我们哪里出了问题”“对方是不是有什么问题我之前没有察觉”。

就像我的朋友A，她三十岁没有男朋友，本来不是什么问题，也不代表她是个不好的姑娘，可是面对别人的议论、父母超越个人界限的各种插手，她有愤怒和疑问，她想捍卫自我，却无法对他人、对父母明确表达出——你们很过分，我有选择自己人生的权利，如果你们再这样我就要还击了！

尽管理性上，A 知道“做自己”这种价值观没有错，但是在表达感受的过程中，她却不自觉地保持着乖巧、为他人着想、从不伤害他人的固化的人格设置。

那些一贯的“好人”，要学会去合理表达不满、拒绝、不认同、愤怒、攻击，真的不是一件容易的事情。但是如果学不会，那么这种无法传递出去的情绪被他们不断压抑、累积，积重难返，就很可能会拖垮一个人健康的心理功能，最终被抑郁吞噬。

如果一个人自我价值体系比较脆弱，太依赖于他人的对待和肯定；如果一个人太畏惧关系的瓦解，觉得只要我的愤怒一表达出来，关系就无法修补。这一类人需要去锻炼自己的内心，需要慢慢尝试突破自我，需要去试试表达自己的愤怒和不满，然后看一看它会不会给自己和自己身处的世界带来毁灭。

即使是毁灭，也是一种涅槃。

什么都不会真的吞噬我们，但是有毒的负能量吸入太多，你的生命力就会被吞噬。

健康地活着，比在别人心里活成什么样要重要得多。

接受别人讨厌自己的勇气，你真的有吗？

想证明自己优秀，是一股特别强大的力量。

恐怕只有极少的人，可以免俗。

只要是活着，在干着点事，拥有着一段关系，扮演着一个身份，我们都会本能地渴望证明自己在这件事情上、这段关系里、这个身份中，足够优秀。

像是陀螺，根本停不下来。有时候我们意识得到，觉得很累。

大多数时候我们连意识都意识不到，证明自己优秀所做的一切努力，就塞满了我们过去的，以及未来的人生。

我的一个朋友一阵子没有怎么出来活动，昨晚她突然在一个小范围好友的群里宣布，她前段时间太忙碌，每天几乎不怎么睡觉，就是打个盹继续干，结果突然就得了面瘫。

憧憬着爱情，长得也挺漂亮的单身姑娘，说“如果不是针灸了两周在慢慢康复，想死的心都有了”。

她说：“情况在好转，我度过了最难挨的20天，因为激素的原因胖了20斤，今天终于鼓起勇气跟大家说这件事，是因为我很想跟你们说，一定要在意自己的身体。

“和身体健康相比，证明自己没那么重要，做成什么事情没那么重要，赚钱也没那么重要。”

人都是有一死的，要证明什么？证明之后得到了什么？

这句话，我也常常说给自己听。

证明自己优秀，是一个活得投入的人，活得没有足够觉察的人，做着一头扎进去难以停下来的事情。有时我也是如此。

但是，唯有一条道路，可以让这种强大的“证明自己优秀”的力量停下来，还你平静，那就是思考死亡的时候。

活着无法回避的问题，放在死亡的角度，都能得到根本的解决。

建立自己的核心价值，我们就会停止讨好他人，停止证明自己，我们才会真正地开始享受为自己而活，也只活自己的那个部分的过程。

可是很多人问，怎么建立自己的核心价值?

我到底怎么样才能让我自己相信我足够好?

我怎么样才能停止和别人比?

作为一个咨询师，我的答案是，这是一个比较长的艰难的过程，需要你寻找自己回避的真相，掀开被压抑的情绪，释放它们，产生力量，面对痛苦，慢慢进行人格整合，说得文艺一些，这就像是一个推翻重来，破茧成蝶的过程。

你会获得重生，你会毁掉你旧时熟悉的那个你心中的世界（你的价值观、潜意识模式），去创建一个新的世界（人格的重新整合，新的价值观、新的模式建立），在这个重生之中，你才能建立起自己的核心价值观。

所以，我会对因为痛苦来找我的来访者说，这件事、这些痛苦正是你的机会。

这些外因，这些遭遇，会给你带来一个窗口期，你将有机会深入你的内心世界，你的旧模式正在被摧毁，所以你可能会建立一个新的世界。

这不是安慰的套话，也不是我对某个人的爱心或同情。

这是我的相信，是我的体验。

所以我想，当来访者听到我这句内心深处的话，即便不是向我咨询的现在，也可能是以后的某一个他生命中的时刻，他会感受到这句话的力量。

我并没有扯远。刚才说的，其实就是中国的一句古话“置之死地而后生”。

痛苦、丧失、关系的断裂，这就是你的“死地”，是你最恐惧的地方，是你拼了命挣扎，以为你绝对不能去的地方。

只要你活着，你就在不停地努力证明自己的优秀，证明自己的美好，以让自己相信自己可以拥有永远的和他人的亲密联结，以让自己相信，自己永远可以被爱，被接纳。

一刻不停，你需要这种感觉。其实，你就是用这种感觉来对抗你对死亡的本能恐惧。

如果有一天你失败了，你经历了没有做到优秀的痛苦，经历了关系的丧失，几乎崩溃，如果有一天，在证明优秀的路上，你的身体突然不好了，或者压抑得太多突然抑郁了，你突然觉得自己连好好活下去都办不到了，你苦心经营的一切都失控了，那个“只要我努力证明自己优秀，我就一定能得到回报，我就可以永久地拥有和这个世界的联结”的公式似乎要在你的心里坍塌的时候——这一刻，其实就是你直面你一直都在抵抗的死亡焦虑的时刻。

这一刻，正是你重新定义人生的机会。

我们必须要从死来思考生是什么。唯有如此，方得平静。

如果你直面了你抵抗的死亡焦虑，并与之共存，你会领悟到死亡带给你的超越一切的平静的力量。

我的一位老师曾经说过，如果一个人可以用宇宙观来思考问题，这个人就没有任何烦恼了。我深以为然。

人和地球的关系，和宇宙的关系，其实只要你去想一想，立刻就会发现，因为我们都会死亡，而且生命极其短暂，所以我们在宇宙之中，渺小到像不曾存在一样。在时间面前，万物都似乎并不存在。不是吗？

对必将到来的死亡臣服，接受我们对于宇宙渺小得犹如不曾存在，我们就会放下“我执”：放下每时每刻地执着于证明自己比别

人优秀，放下执着地计算自己的价值高低，我们才能单纯地做好自己面前的事情，活在当下，沉醉于这个过程。

有一本书叫《被讨厌的勇气》，特别受到欢迎，也很触动人心，值得思考，说的是心理学大师阿德勒的思想。这本书的书名，其实就涵盖了很多。

如果一个人拥有被讨厌的勇气，那么他就可以停止不断证明自己非常优秀、不断去讨人喜欢、不断寻求他人认可，他就可以不再像个陀螺一样忙碌而疲惫地转个不停，而能够将他有限的生命用于好好体验他活着的每一个瞬间，对每一段关系坦然而不是焦虑地沉浸其中。

不要畏惧痛苦，直面“我不够优秀”，体验它究竟是一种怎样的感受，消除了这些和死亡一样令你恐惧的感受，你可能就会被赋予那珍贵的“被讨厌的勇气”。

“没有自卑感，也不必夸耀自己的优越性，可以处于平衡、极为自然的状态，真正的爱，就是这么一回事。”

——《被讨厌的勇气》

既然都免不了一死，那么我们都用活着的每一天来爱自己吧！

为什么我总是无法改变？因为舍不得伪造的“和谐”

我来说一个真实的故事。

有一个女孩，二十岁时曾经是学校的校花，她代表她所在的城市参加了全国性的大型活动，好多去活动现场的观众争相与她合影留念。

她青春年少的时候，看起来灿烂得像一株向日葵，她是那种有点像苔丝的女孩，从来感觉不到自己的美丽，不过这种“不做作”的姿态反而让她显得更加可爱。

她的故事从二十多岁走进三十多岁。

她谈了几次不太顺利的恋爱，然后结婚生子，和老公的感情逐渐变坏，老公和她成了住在一个屋檐下的最熟悉的陌生人，再后来，老公选择去外地发展，一晃五年。有时，她也会和别的男人短暂交往，但都是不欢而散。一个婚姻中的女人，能得到别的男人怎样的待遇？

开始不对，结果自然不对。好朋友问她，既然如此，为什么不考虑离婚再重新开始？

开始几年，她的答案是这样的：我得考虑孩子，再说我父母也不希望我折腾，我们家族没人离婚；后来几年，她说——其实，最关键的，我觉得我需要婚姻这个标签。

读完这个故事，你会不会有一种浑身乏力的感觉？好像一拳头打出去击中了一块海绵，想要出力却被束缚？

我不知道你身边有没有这样的故事？或者你自己生命中有没有这样的时期？似乎一切都不对，但是你觉得自己什么也做不了，好像自己已经被什么抽空，好像自己总是无法使出全力。

活在别人眼中，努力讨好他人，不为自己而活的人，往往没有力量。

这个故事的女主角和很多人一样。她的答案里，有很多的别人，别人如何看，如何想，如何期待？父母不喜欢折腾，孩子不能单亲，婚姻是个社会身份的重要标签，这里面却唯独没有她自己，没有她自己的心。

而最大的力量，永远都是来源于自身。没有什么动机，大于自己内心深处的动机。心理学的基础知识里面就有这样一句：一切行为背后都有动机。

你做每一件事的动机是什么？

如果一个人找不到自己，活着活着把自己给弄丢了，那么她做一切事情的动机都是来源于别人。

人生是你自己的，但你做每一件事都是为别人，你有多大力量能把自己活好？

好想对这个女主角说，你是在浪费自己的生命……

“尊重自我”意味着不再讨好他人

“活着”本来就是一种创造，需要巨大的力量，你才能不被生活的狂流卷走，才能书写出自己的故事，而不是把“活着”变成别人的意志在你身上的投射。

“活着”的最高级别就是自我实现。马斯洛的需求理论，很多人都知道，自我实现是最高级的需求。但是可能也有很多人不知道，马斯洛和人本主义心理学的专家们都相信，自我实现是人的本能。它没那么遥不可及，它不是那么高深莫测，它永远都在你内心某个地方寻找着破土而出的时机——如果你做好了准备。

还记得《这个杀手不太冷》的那个小女孩娜塔莉·波特曼吗？

她给很多人留下了深刻的印象，那是一个动人的故事。

现在的她已经长大，作为哈佛大学毕业生和奥斯卡最佳女主角，在2015年她被邀请回到校园为2015届哈佛毕业生做演讲。

这位非凡的女孩对那些精英们说：

“如果你知道自己做事的目的，取得成功就很棒；但是如果你不知道，成功的果实就会变成可怕的陷阱。”

我们现在知道，她取得了人生巨大的成功，但是二十年前，当《这个杀手不太冷》上映时，票房惨淡，她被美国的很多媒体嘲笑，《纽约时报》说：“波特曼小姐的造型摆得比她的戏好得多。”

这对于一个十三岁的小女孩来说是否很可怕?

是的，如果她活在别人的眼里，以别人的期待和需求来定义自己的好坏或者成功的话，这一件事足以毁了她。

但是她没有。现在的波特曼，在哈佛校园中告诉她的师弟师妹们：“成功带来的果实并不那么值得信任，除非你知道做事的目的。失败带来的果实也没有那么可怕，如果你知道做事的目的。”

如果你是为了自己，如果你不是活在别人眼中，你是为了自己去争取，那么你会得到你想要的成功，而不是别人希望你去做的；如果你是为了自己，那么即使这种尝试是失败的，但是你仍然可以享受这种你能够自由支配自己，能够去尝试并承担尝试的结果的整个过程。

这种可以选择的自由度，本身就已经是巨大的成功。不是吗？

2. 重要的不是条件，而是坚持自我的态度

开头那个故事，或许和很多人的故事类似吧。

我们总是在困难面前止步，然后说“如果我父母不是这样”“如果我单位不是这样”“如果我伴侣不是这样”“如果我孩子不是这样”……“那么我就不至于”“那么我就可以”“那么我早就”……

不，这个推理是错的。

重要的不是条件，而是态度，不是他人能够给你怎样的配合，而是你决定为这件事付出多少努力。

世界永远不会为你准备好你要的一切，除非你准备好你自己。当你准备好你自己的内心，那么你会发现一切都准备好了。

这看起来像一个“鸡生蛋，蛋生鸡”的哲学问题，但实际就是，如果你一直以来只是在等待世界、他人给予你你要的配合，那么就是恶性循环，你会越来越被动，现实会将你越来越逼到墙角；如果你能做出一个关乎自己的决定，且足够坚定，并为此付出你的努力，那么你会看到世界和他人对你开始配合——这将是一个好的循环。

如果一直努力为别人活着，一辈子就好像度过了一个假人生。

改变自己的人生，似乎很困难。但是做出一个关乎自己的决定，自己内心的决定，并付出努力，从第一个开始，然后第二个、第三个……这样慢慢去改变，你会慢慢重新找回自己。

所有说“这太难了”的人，强调自己做不到，认为现实如何艰难灰暗的人，都是那种已经在过去的时间里，无数次用别人的目的掩盖了自己想法的人。他们的自我在这种无数次被掩盖的过程中，已经放弃了挣扎，甘居幕后。

重要的不是条件，而是态度。不是外界的条件，而是你努力的态度。

“有志者事竟成”这句话没错。“志”是你要自我实现的目标，“成”的是你自己。只要坚定你的方向是实现你自己，你做什么这个过程本身就是结果，就是成功。因为你是为自己而做。

3. “假和谐”只会让你越来越灰暗

自我也有出来透气的时候，就是当你被痛苦、愤怒、低落的情绪笼罩的时候。因为你压抑了自己，选择了迎合他人的想法，你的自我和你的行为以及现状产生了冲突，心理冲突造成情绪问题，你可能会很容易被激怒，可能会变得对亲近的人满含愤怒却不知愤怒从何而来，你可能会攻击他人或者自我攻击，严重的话，你会陷入抑郁、亚健康心理状态，或者产生某些身体疾病。

很多人以为，让别人满意可以让我们活得轻松一些，让我们外部的世界和谐一些，毕竟，和外界抗争是一件“可怕”的事情：有的人觉得让父母有一些不满，这真的很可怕，或者就像故事中的女主角，她觉得如果别人都知道她“竟然”也离婚了，走出去见人这种感觉太可怕了，“我会不会让别人看笑话？被人指点？”……

但是，如果你只是选择回避和压抑自我，以暂时和外部世界和谐相处，痛苦和挣扎不会远离。它们会一直纠缠你，直到你有一天爆发、崩溃或者改变。

因为你的自我就是你的生命力所在，无论你意识的理性选择是什么，你的自我都会在你无意识的深处发出呐喊。

如果你只是让你的外部世界看起来和谐，而忽视自己内部的和谐，你还是无法真正地平静和和谐。

“假和谐”除了让你越来越失去力量和信念，对你没有任何积极的意义。实际上，对你爱的人也是。

4. 建立自己价值的真正核心

从《这个杀手不太冷》，到近二十年后令人惊叹的《黑天鹅》，娜塔莉·波特曼经历了她的成长和蜕变。但是我们一直能从这个女孩的身上看到她强大的自我和生命力。

哈佛毕业后继续演戏的她说：“我开始只挑那些让我产生热情的工作来做，参与那些我知道能从中获得意义的经历。这把我的经纪人、制片人、观众都弄糊涂了。

“我建立起了自己价值的真正核心，我需要它保持一定的独立，不受他人回应的影响。”

找到自我意味着不再讨好他人，讨好他人会让你永远无法建立自我。

无论是受到批评的十三岁的波特曼，还是走出哈佛校门被大家期待的天才女孩波特曼，还是后来拿到了奥斯卡小金人的幸运女神波特曼，在任何一个选择面前，她都会把“自己的价值核心”放在最重要的位置，让它保持一定的独立。

无论是平凡的你，还是成功的她，或者任何一个人，只要在这个世界上，在关系中，我们的身边都有他人，他人、舆论、环境、社会都会试图有意无意地影响我们。但是我们有义务保持自己的独立，以这种独立来保护自己，如果我们放弃这种努力，我们很快就会被生活的大浪卷走。

没有人的生活是一帆风顺、没有挫折的，当然也没有人一直生活在被认可、和谐和赞誉中，所不同的是你怎么看待这些，你作何选择。

在获得了奥斯卡金像奖之后，波特曼执导了她的第一部电影《爱与黑暗的故事》，这不是一部超高票房的影片，却是她第一次尝试做导演，是她“职业生涯中最深刻也最有意义的一次经历”。

如果你是为自己而做，经历远胜于结果。

经历本身就是意义。

渐渐地，你不会再那么看重结果。

因为结果只是证明，只是标签。它终将会过去。如果你找到了自己，如果你总是在做你自己，那么这种证明、这种标签对你而言就会越来越不重要。

你会明白，当你为自己而活，那就是你的成功，巨大的成功。

结尾

如果你是为别人、社会和他人的眼光而结婚或和某人交往，那么婚姻和亲密关系不会让你的生活变得更好，也很难为你带来快乐。

如果你是为了父母、孩子、他人的看法，而不去改变自己糟糕的生活状态，任由它持续，那么这种状态不只会吞噬你的生命力，也会让你的孩子成为一个软弱或者逃避的人。

如果你纠结于你的职业，纠结于你能不能放下目前的乏味的工作，换个地方，来次冒险，重新开始，这种纠结除了浪费你的时间，消磨你的斗志，不会有什么意义，无论你是三十岁还是四十岁，什么理由都不能让你画地为牢，宣判自己余生都是刑期。

不要担心失败。

世界上最大的动力，就是来自你自己的动力。

本我，是你的原动力。它在每一个人的身上都是极度强大的。

每一个人都有自我实现的本能。

你无须怀疑以上两点。

你要问自己的问题是，为什么我感觉不到改变的动力？

为什么我完全没有自我实现的想法？

答案是：

我害怕他人失望；

我害怕父母难过；

我害怕社会的眼光；

我害怕被评判；

我害怕显得和别人不一样；

我觉得为自己而活有愧疚感和负罪感……

找到答案，开始思考。

以娜塔莉·波特曼演讲的最后一句结束本文：

“我最喜欢思想家亚伯拉罕·约书亚·赫施尔的一句名言：生存还是毁灭，并不是问题；至关重要的问题是，要如何生存，如何毁灭。”

这不是我想要的人生!

“我已经两天没有听喜马拉雅定的课程了，糟糕！”

“天哪，这两天太忙，都忘记看公众号文章了！”

“好朋友阿威竟然不声不响地去考律师证了！可我这几年除了在公司混着，什么也没干。”

“公司上不上市关我什么事？我想到写不完的PPT就觉得生无可恋。”

…………

要么在“不知道该干什么”中迷茫惶恐；要么像打了鸡血一样，生怕错过任何一个学习和进步的机会。

然而有声音还是常常跳出来，说：

“这并不是我想要的人生。”

“我也不知道我应该过怎样的人生。”

一个人究竟应该过怎样的人生呢？

其实每个人都应该有一个独属于自己的答案。

并且我们最应该做的，就是去维护这个答案，并实现这个答案。

这就是通往“自我实现”的一种方式。

一个人要去做自己热爱的事情，也只能在那之中才能找到自己的存在感和生命的意义。

所有的迷茫、渺小、害怕随波逐流的焦虑，只有在这种存在感和意义面前，才能烟消云散。

1.“我总是很迷茫，而别人都清楚自己要什么”

人生中有一段时期，我们可以称之为“迷惑期”，青春期结束，走向社会，还没有到不惑之年时，很多人都会有一种迷茫的感觉。

尤其是那些过去在家庭中，因为原生家庭的压力，没有学会建立自己的独立思考模式，也难以维护自己内心声音的人。

他们会不由自主地被大众牵着鼻子走，看看大家都在干什么，而决定自己要干什么，以大众的行为准则和价值观，作为自己的行为准则和价值观，来判断对错与否，而很少在意自己的感受。

我记得念大学时，班上有个女生曾经苦恼地对我说：“我总是觉得自己很渺小，而别人都清楚自己要干什么。”

她说，你看隔壁寝室，6个人中有5个都考了英语六级，还有我们宿舍的 ××，竟然去考会计证了。

后来工作了，也常常会遇到这样的人，无论是人群中普通的，还是看起来已经很优秀的，永远觉得自己不干点什么就会落后，而具体要干点什么，都是参照别人正在做的事情，或者大众最近流行的标准。

然而，如此慌乱地决定和被动地投入去做一件事能取得预期的结果吗？真的能带来成长，提升这个人的价值吗？

人生中，出现“迷惑期”是不可避免的，但总是沿着“别人的路径”过自己的人生，只会过得越来越难受和无力。

因为这不是你想要的人生，因为你可能从来没想过，你想要怎样的人生。

这是一个值得分析的思考过程。

当我们想知道“我该干点什么”时，最简单方便、不用负责任的做法，就是看看别人在干什么。

问自己，反而是困难的。

“别人都在这样干，我接触的人都说这样是最好的，那么我就这样干呗”，在这样的内心独白后面的潜台词其实是——“如果让我自己思考该干什么，我就要为我的思考和决定，还有未来的风险负责”。

我们真的害怕未来吗？

其实我们并不是像我们以为的那样“在意结果”。

客观地说，无论是过大多数人的人生，跟随他人，还是跟随自己的内心，未来都一样是未知的，有风险的。这是一个基础认知。

既然在你生活的过程中，并没有人保证，你跟着别人干就一定会拥有很好的未来，毕竟你无法完全复制别人的人生，那么为什么很多人会不自觉地去做别人都在做的事呢？或者会以别人做了而我就该做的要求来要求自己而不想其他呢？

因为如果按照自己的想法去做了，就意味着你不能把“过得不好的责任”，推卸给别人了。

潜意识为了不承担那个责任，很多人屏蔽了自己的思想、内心的声音。

他们对自己和他人说：我完全不知道该干什么，超级迷茫，别人好像都知道要做什么，那么我也这样做吧。这是真心话，不是谎言。

如果你的潜意识想这样，你一定可以完美地欺骗自己。

所以只有强大的人可以听到自己内心的声音，清楚自己要干什么，也只有强大的人，过上了自己想要的人生。

因为这类人的潜意识人格，比其他人更强壮有力，可以承受**“我选择了，然而我选错了”**，不会因为自责而粉碎。

所以他的潜意识，不那么畏惧为自己负责，于是可以听到自己内心的声音，而不是只能听到别人的声音。

2. 逃避“我为自己负责”的独立思考，就不可能拥有你喜欢的人生

这一篇，我原来写下的标题是“做你喜欢的事情才能摆脱随波逐流的焦虑”。

然后我把它删掉了。

因为我发现，如果没有独立的为自己做严肃思考的能力，你根本无法发现自己喜欢或者热爱的事情，也不可能把你的思想变成你的行动。

那么，你当然就只能在随波逐流中焦虑。

独立思考的能力，是可以有意识地培养的。

有的人，恐怕活到三十岁，也从来没有好好地为自己的人生思考过，从来没有和自己的心灵进行过一次对话，问问它的感受，还有它想要的是什么。

比如，当你问自己，我是考研还是找工作时，先别环顾四周，忘掉那些公众号文章关于就业严峻或者考研没意义的论断和数据。

你先问问自己，考研的话，你会额外拥有两三年的学习时间，那么你真正想学习的是什么？你未来想从事这方面的工作吗？

就业的话，你做好心理准备了吗？你有工作的激情吗？什么样的工作会让你觉得有激情，有憧憬，而这种憧憬足以抵消这份薪资微薄并且辛苦的工作？

进行这种内心对话，你的答案的重要性，远超大多数人的选择、别人讲的道理和你看到的所有观点性文章。

大家的原生家庭各不相同，因此形成的人格也各不相同，但是成为强大的人，却是大多数人的梦想。

从哪里开始？可以从学习建立独立思考的习惯开始。

比如经常进行上面那样的内心对话，而不是一遇到问题，马上就用别人的答案去回答它，从而回避真正的自我思考。

“他们说”“文章里说”“爸爸说”“妈妈说”，把这些放在一边，想想自己的声音是什么，自己的感受和愿望是什么，畏惧是什么，如何克服。

一个有趣的现象是，很多人一边猛烈地攻击自己强势的父母干扰了自己的人生，总是替自己做出决定，却看不到，对于一个有手有脚的成年人来说，如果你真的要去做，父母又怎么能拦得住你。

你的潜意识里有没有不想为自己负责的部分？

你的内心是否还是个完全没长大的孩子？

父母“强势地迫使”你过了你不想要的人生，那么你就不再需要思考以及为自己的人生负责，你的人生好与坏，责任都是父母承担了，你那句“都是你们选的！都是你们害的！”早已在心里等着他们了。

无论人生如何，你都站在了道德的制高点，回避了失败和自责，至少你是个他人思想的受害者，你可以去批判、可以去指责甚至讨伐。

但失去的，则是你自己只有一次的人生机会。

内心住着一个小孩，和内心始终只愿意当小孩，请别画等号。

我们内心都住着一个小孩，有我们过去的伤痛和回忆，等待我们去拥抱、去接纳，但我们如果一直固执地让人格停留在孩童阶段，拒绝成长，我们就永远失去了拥有真正属于自己的人生的机会，找不到存在的意义。

一个不想为自己负责任的孩子，就只能依附他人，他的世界必然是不能由自己做主的。

当你允许你的人格成长，或者有意识地去进行独立思考，去促进人格的成长，锻炼自我的力量，那么你才可能愿意为自己做主。

一个孩子即使跌跤，也甩开父母的手，往前走去，跌倒、爬起，再前进。

他就这样朝着他的方向走进了他的世界。

强大，是这样一步步到来的。

3. “做你喜欢的事情，才能摆脱随波逐流的焦虑”

做到了第二部分的为自己负责的“独立思考”，我们才能发现我们喜欢做的事情是什么。

某知名主持人只是中专毕业，我们都知道，即使名牌大学毕业，有过硬的关系，要进电视台也是很难的。可是他喜欢，所以他就从打杂开始做起，搬搬抬抬、订订盒饭，一点点接近他的梦想。

和自己崇拜的人一起工作，在自己梦想中的地方工作，即使他没有到达那个中心，但是向着目标努力，一点点靠近的过程中，每一天都是有意义的。

作为一个打杂的中专生，他在节目现场每次也拼命鼓掌，台领导注意到了他，看到了他因为鼓掌而发红的手掌，欣赏他的投入，提拔他做了带领鼓掌、负责暖场的副导演。

这在电视台，其实也是个比较低的职位，比打杂稍好一点。

但是这是一个转折，经过这样不断的努力，他终于成了电视台的台柱子。

这也是积极心理学中的一条关于幸福的**“递进法则”**。

做出自己的选择，沉浸、投入在自己选择之后的努力中，这个过程，成功了是好的，即使失败了，你也一样会拥有一种自豪感，因为你为自己的梦想努力过了。

在这种过程中，我们会变得尊重我们自己，变得更能承担，变得更强大。

很多人不敢选择自己的梦想，除了害怕对自己负责，其实也害怕自己如果投入精力去做了，但最终“一事无成”的感受。

什么叫一事无成，或者失败呢？

如果在某一件事或者某一个领域，你总是和别人比较，那么永远都会有人在你前面。

“比较”不会带来幸福和平静，只会带来对自己没完没了的不满意。

如果不和人比较，那么你就可以沉下心去投入过程当中，而不会用一个对结果不断打分的机制搞得自己意兴阑珊或者吓得自己干脆不敢投入。

没有比较，没有评判，就没有所谓的“一事无成”或者“绝对的失败”。

就你个人而言，你选择了喜欢的事情，你尽力去做到你的最好，然后你可以换跑道，也可以再继续努力。

如果一定要做出评判，这样的人生，并不是一事无成和失败的人生，而是有意义的人生。

如果总是在别人的想法里，过着那种自己也不认同的生活，这样的随波逐流，一天天只会让你更加焦虑和迷惑。

是的，所谓成长就是，**我们要有独立思考并为自己承担的意愿，同时也要愿意舍弃“从众”这个看似安全的港湾。**

如果不深入内心，我们总会倾向于认为，大多数人的判断就是正确的。这就是一种从众心理。

从众就好吗？就会比你自己内心的选择好吗？

如果真的是这样，何来集体的迷思和集体的焦虑？

你没有解决方案的事情，其实别人也未必有更好的解决方案；而且别人的解决方案和大众的选择，未必就真的适合你。

学业如此、就业如此、婚姻选择也是如此。

任何时候，别忘记尊重自己，别忘记你是独一无二的个体。

看清这个事实，然后找到属于自己的路，成为一个独立思考的“大人”。

为自己承担责任，找到热爱的事情，去做，那就是你最佳的存在，也是最好的人生。

“除了彻底地成为我们自己之外，我们的存在没有别的意义。”

——约翰·麦克马雷

执行力不强？只是因为你没那么想做

执行力不强，是不少人苦恼的问题。

但是“执行力”究竟是什么？

我们做出一个决定、订立一个目标，然后将它付诸行动的能力，叫作执行力。

执行力欠缺，就是“执行”的能力比别人弱吗？

记得我们读书时，海量的作业，大家都知道是第二天一定要交的，早一点或晚一点全班的孩子都能把作业写完，在我的记忆中，班上几乎没有谁是真的跟老师说“因为我执行力比较差，所以虽然我知道要写，可我还是没怎么写”。

也就是说，大家真正去执行一件“要做的事情”的能力其实差不多，之所以制造出了“我的执行力很弱”这样的错觉，问题就出在我们做决定、订立目标的阶段。

问题并不是出在“执行”，而是我们有多想做这件事，是否真的做出了“要做”的这个决定——如果我们只是“表面化”地摆出一副“我已经决定”的样子，其实因为各种原因并没有真的下定决心，或者内心还有其他的顾虑和恐惧，导致我们的意识和潜意识的愿望根本不统一，那么我们必然就没有办法正常地去把这件事情纳入执行的轨道之中。

因为有思想的阻力，因为思想不统一。

1. 我需要一个决定来让我回避我的纠结和犹豫

人的想法是很复杂的，每个个体也有多面性。

即便是人格，一个人的人格也是很复杂的。比如一个活泼的人，也有内向的一面，严谨的人，也有渴望放纵的一面。

有时候我们意识不到自己的矛盾和复杂。

因为内心冲突会让我们很难受，所以，往往我们就会本能地回避它。

怎么回避呢？做一个决定就好了。

如果做了一个决定，我就可以告诉自己，我是这样的想法，这样的态度，很清晰，很坚定，没有冲突和犹豫。

基于这样的想法做出的决定，目的其实只是为了让我们感觉不到内心的冲突和纠结，和接下来是否要执行，其实没有什么关系。

我有一个朋友A，和老婆协议离婚的决定做了五年，也分居了一段时间，但是直到最近才办了离婚手续，这五年他一直很纠结，也不止一次对朋友们抱怨自己，说自己是一个执行力差的人，明明做了决定，但总是办不到。

我还有一个大学同学B，十年前就跟我抱怨她所在的单位效益不好，领导愚笨且刻薄，没有上升空间，加班多还不给加班费，十年前她就流露出要走的意思，可是十年后的今天，她还在那家公司干着。

这样的人，是执行力的问题吗？

A不久前终于把自己走不下去的婚姻做了处理，整个人看起来也完全不同了，搁置了几年的事情画上句号，他的人生也离开了被卡在某处进退两难的状态。朋友聚餐，他说了一席话："其实等这么久，是因为担心我儿子，总觉得单亲家庭对孩子不好，还有我怕他妈妈不能很好地照顾他。现在孩子大了，我觉得没什么可担心的了。"

B今年暑假来我的城市旅行时和我碰面，我再度问起她跳槽的事情，她说可能她真的是那种不适应外面激烈竞争的人，"我觉得适应一个新环境是很可怕的，万一搞砸了，失去工作我肯定要得焦虑症的啊”。

可是无论是A还是B，在一开始都是大喊着，我做了一个决定，我再也不要如何，我一定要如何。

接下来，似乎他们就是执行力为零的典型。可能他们自己也问过自己这样的问题，为什么我决定了，很想做却做不到？

2. 做不到，不是因为没有执行力，而是因为你没那么想做

没那么想做，当然会拖拖拉拉做不到、启动不了或者启动了也会半途而废、完成不了。

因为那个目标的背后，可能有你畏惧的东西，可能有你不想真的付出的代价。

但是我们有时会对自己掩盖我们复杂的矛盾的内心真相，不想直面那些我们回避的事情和感受。

这就是人的复杂。我们不仅复杂，我们还不断地制造很多迷雾伪装自己，不愿意对自己和他人那么诚实。

因为诚实表露，可能就会得到责难，所以我以一个看上去无比正确的决定，挡在我的前面——你看，我已经有决定了，我在很理性、智慧、果断地生活。

那么我就不用去面对来自他人和自我要求的责难，然后我就可以在这面大旗背后，拖下去。

所有“没有执行力”，不是因为你不要，反而往往正是你要的效果。

表面上非常赞同“在一段糟糕的婚姻里对孩子成长过程的伤害，远远大于成为单亲孩子的影响”这种价值观的A，其实内心并不能真的认同这一点，如果他很有执行力地把事情办了，那么他的儿子就会成为单亲孩子，他可能还会每天担忧自己的前妻不能很好地照顾孩子，这些他藏在内心深处不想说甚至是自己都不愿意承认的担忧、顾虑，导致他成了一个看起来“执行力弱”的人。

表面上一直想换工作的B，内心其实一直有不愿意面对的惶恐，欠缺的自信，对新的环境的害怕，这些她不那么想去面对的自我的弱点。在十年间不断地抛出“我要跳槽”的决定之后，她对工作的不满得到了缓解，但是只要不去执行这项决定，她就可以暂时不用面对要将这个决定付诸行动的心理压力。

所以这一晃，就是十年。

还有的人做出的决定，其实不是为了自己，是迫于他人的压力。

比如父母对你要求很高，希望你考公务员、考研，你答应了却一直不去做，并不是因为执行力差，而是因为那个目标其实是父母想在你生命里实现的目标，并不是你真正的想法。

不执行，就是一种潜意识坚持自我的表现。

如果不是真的那么想做，或者做了之后的代价你还不想承担，或者没有做出相关的取舍，并不是真的做出了选择，那么我们就会变成“执行力很低”的人，将一个目标长期搁置。

反过来，如果你是一个执行力低的人，想要提升执行力，那么你需要：

（1）问问自己是不是真的想做？

（2）对自己的想法进行抽丝剥茧的分析，不要回避自我真相。

（3）你如果去做了，会进入一种怎样的情况？这种情况对你意味着什么？你会得到什么？你会付出什么代价？

（4）你的畏惧和担忧是什么？

（5）你真的做出了取舍，做出了真正的决定，并且做好心理准备了吗？

关于执行力的两个要点：

（1）我的目标单一，不是什么都想要。

（2）我没有畏惧，可以承受代价。

有一部描写狗对人类真挚情感的电影，很多人知道，叫《忠犬八公的故事》，我也看过，秋田犬八公做了一件让人们很震惊也无比感动的事情，它每天都去车站等待再也没能回来的主人，一等就是九年，直到自己的生命尽头。

这样的壮举和深情，感动了无数观众。我也看哭了。

可想而知，八公做到了很多人都无法做到的一件超级难的事情，才会引起这么多的关注，被拍成电影，四海传扬。

但是对八公来说，它做的这件极不寻常的事情，只是作为一只狗最想做的事情而已。正因为它想做，而且它的大脑里面没有其他的想法和顾虑，它不担忧代价和结局，只是简单地一门心思地去做这件事，所以，它做到了。

因为想做，就去做了，这就是执行力。

忠犬八公，因为思念主人，因为特别忠诚，所以在它的世界里，去车站等主人就是它最想做的事，没有其他事情占据着它的大脑，他想要的很单纯。

所以，八公很有执行力，不是吗？

八公的故事，让我知道，如果一个人具备两种特质，那么他一定会是一个很有执行力的人，是一个知行合一的人，是一个可以把想法和行为真正结合在一起的人。

这两种特质其实就是电影中忠犬八公的特质：

（1）我简单地想要一个目标，可以舍弃其他。

（2）我没有畏惧和顾虑，愿意付出代价。

王阳明曾经在 1509 年，第一次提出“知行合一”，这句话现在挺火的，因为很多人发现自己知道了却做不到，怎样让知行合一，成了一个大家都想跨越的难题。

其实，答案和执行力是一样的。

你的知，你真的认同吗？你的目标，你真的想要吗？

弄明白这两件事，对于知行合一和执行力，你就不会有疑问了。

弄清自己的真相，便是一切问题的答案。

被欲望绑架的一生，不如自我实现的一刻

自我实现是个什么状态？

人是有欲望的。而这种欲望，是永不止息的。

有欲望没有问题，因为我们活着。

但是我们却经常被我们不断涌现的欲望搞得很痛苦，满足自己欲望的一刻很快乐，但是快乐却又那么短暂。

你有过这样的问题吗？

“人是一种不断需求的动物，除了短暂的时间外，极少达到完全满足的状况，一个欲望满足后，往往又会迅速地被另一个欲望所占领，人几乎一生都总在希望着什么，因而也引发了一切……”

这句充满哲学意味的话，是马斯洛说的。

我很敬佩他的思想，因为我非常认同他对待人的动机的哲学态度，以及他对于人性充满了人道主义的理解，和对自由、自我实现的鼓励。

马斯洛可以说一生都在研究和自我实现有关的问题。

他深知，**如果人类总是在满足生存和安全感等匮乏型需求中打转的话，就会一直处于被动及茫然无力的渴求之中。**

而自我实现才是救赎。

为什么这样说?

你可能听说过马斯洛的需求层次理论，这是 1943 年，35 岁的马斯洛提出的观点，将人的需求划分出层次。这些层次是递进的关系，一层层往上，低级的需求被满足了，人就会产生更高级别的内心需求。

但是你不一定知道，后来晚年的马斯洛对他的需求层次理论进行了重大的修正和发展——其中就包括，将五个递进的层次分类，一类是**匮乏性动机带来的需求，一类是成长性动机带来的需求**。

“匮乏性动机就是人身上的赤字形成的需要。打个比喻，这些匮乏好比为了健康的缘故必须填充起来的空洞。”

——马斯洛

在马斯洛看来，**成长性动机，是导致最终自我实现的种种过程**。

匮乏性动机只能通过一个人向外界求取才能满足，它必须由其他人从外部填充，来填满自己身上的空洞。

但成长性动机是自我实现，是个人内部不断认识到自己的内在天性，并趋向统一整合的过程。

匮乏性需求：生理、安全、归属、爱、尊重，只能由他人来满足，它在很大程度上依赖于外界、环境、他人。

一个人总是向外界求取，来填补自己内心的空洞，不断地努力去满足自己的各种需要（生理、安全、归属、爱、尊重），是很累的。

而且，**即使你非常努力，你也无法控制自己从外界得到的回报**。

但是成长性动机导致的自我实现却不同，这种需求是自己满足自己，或者说是超越了与他人的需求，看到了自己与自己的关系，去自我成长、整合。

如果一个人不断在匮乏性需求中打转，他是畏惧环境的，无论这个人看起来多么强硬，他实质也是脆弱的。因为他的强硬来源于外界的给予。

但一个**处在自我实现中的人才有真正的强大和自信**。

无论他看起来多么柔和，但是不为外界所动，能够在自己的内心寻求满足，这本就是一种很高的境界。

听起来，自我实现的确是一种理想化的、非常高的境界。

如果一个人把前面的低级基本需求都满足了，再去到这个最高境界，那么他的生命就太值得了！

尽管很多人能够想象那种对外界无依赖的巅峰状态，但是如果对于马斯洛的需求层次理论只有一种太过简单的理解，以为这种自我实现只有在其他需求都满足的基础上才会出现，那么很多人就会忽略，**自己离这种状态并不遥远，甚至只有一步之遥，或者已经身在其中**。

自我实现是可以和其他的需求并列存在的。

它存在于你的内心之中，存在于你仍然对金钱、安全感、爱有需求的同时，你一样会有着自我实现的需求。你会听到自我实现的呼唤，甚至你已经在做着自我实现的事情。

马斯洛说过，动机的层次发展原理只是一般的模式。

在实际生活里，并不是固定不变，例外很常见。

有一些人，即使放弃对低级基本需求的满足，也要自我实现——比如富有理想和崇高价值的人，为了追求内心的理想而放弃一切。

“他们是坚强的人，对于不同的个人意见和对立观点能够泰然处之，能够抗拒舆论的潮流，为坚持真理付出个人的巨大代价”。

一个人有一种信念，他愿意为了他的信念放弃一些在别人看来是满足匮乏性需要的条件和物质，这就是自我实现的一种。

不常见吗?

你的身边没有正在自我实现的人吗?

你没有遇到过，在满足自己的匮乏性需求还是满足成长性需求自我实现二选一的抉择时刻吗?

随便举几个例子，放弃家人安排的稳定的工作，毕业后非要去山区支教两年的大学生；我认识的一对自己掏钱学习心理学，就是为了更好地帮助自闭症孩子的做儿童公益的夫妻；那些离异后，不顾父母“你带着孩子一定很难改嫁”的反对，坚持把孩子带在身边，努力工作抚养孩子长大的母亲；我的读者里，一位妻子跟我讲述的她那位不想着买房买车，认识时穷困潦倒，做科研做了半辈子但仍然不愿放弃的丈夫。

足够多的金钱，属于自己的房子，稳定的爱人，世人的尊重，这些需求层次理论中，层层递进永无止境的条件，以上的故事的主角都无法全部具备。

很多人也仅仅是能吃饱穿暖，和那些在一线城市拥有千万房产，却被欲望和恐惧折磨得焦虑无比的中产阶级相比，他们的现实处境很一般甚至有的比较窘迫，有的在父母亲友看来充满了危机。

但是，这些人有自己的选择，**不是一定要去满足匮乏性需求，可以放弃它，也可以逾越它。**

如果你有你的信念、理想，如果你有自我的力量，如果你坚强，能够不理会不认同的那些声音，坚持自我的理想并愿意付出个人的代价，这都是可能实现的。

这样的人，尽管按照世俗标准，拥有的东西不多，但是他们的幸福程度，他们内心的稳定和充实，他们的人生体验，是很多拥有了财富、身份和标签的人，无法比拟的。

一个人不可能完全没有基本需要，没有满足那些匮乏性需求的欲望。

但如果终其一生埋首其中，则是可悲的。

我们总是希望有更多的钱，想买更好的房，有一个绝对稳定的工作，买保险让我们有安全感，我们还需要得到很多高质量的爱，持续不断的重视，即使这一切都被满足的人，也还会希望拥有地位、拥有高价值，被大家羡慕、尊敬——**这一个巨长的链条，会占满你的一生。**

而只有自我实现能让你解脱、超越。

我觉得它就是人类深陷欲望与痛苦的救赎。

因为只有自我实现这样的一种欲望，不会让我们深陷我们无法控制的外界的回应，深陷无法改变的无常之中。

它需要你有理想，并且需要你有勇气去坚持你的理想，为了你的理想而努力，用你的理想去抵御那些匮乏、空洞、源源不断的需求。

你的生命的主旋律就是成长，而不是不断地填补空洞。

我喜欢思考。我觉得思考对于人来说是必要的。

当我们满足自己的欲望时，我们做出选择时，我们有必要去思考我们为什么要这样去做，我们是在逃避什么，我们是在恐惧什么，我们是在满足什么，我们是不是只有一种面对或者生存的方法？

不，生命可以是另外一种形式。

第二章 所有的关系最终都通向你自己

你遇到的每个人，都是对的人

关于爱情的误区，你有没有陷入其中？

我先来问两个问题。

你相信这个世界是由你吸引而来的吗？

你相信你遇到的恋人，是因为你才来到了你的身边吗？

不管他是谁，有着怎样的优缺点，怎样的内心。

很多人或许不相信。

“如果是按照我的意愿，为什么我会吸引一个渣男？”

“为什么我会爱上一个竟然会这样伤害我的人？”

“为什么在一起五年了，突然发现我和他根本在两个世界，完全无法沟通？”

但我相信，而且这和以上的所有疑问并不矛盾。

是我们吸引了和我们在一起的人，是我们自己允许他们、邀请他们和自己共建亲密关系。

这个关系的开始，一定透露着我们“当时”内心潜意识的愿望。

每个人的人生都分为无数个阶段与无数个当下，人们会成长，会改变，会有不同阶段按捺不住的各种内心需求，所以，每一个阶段，你都可能会吸引或者渴望不一样的爱人；每一个阶段，你对同一个爱人的感受也会产生很大的不同；在你二十岁开始的关系，可能到了三十岁对你已经没有了意义；你大学时深爱的那个男神，可能在你四十岁的时候你会觉得你们是如此熟悉的陌生人……

我们会不断改变潜意识中的人格，会在我们人生不同的阶段，发出对于亲密关系的不同渴求，也会有不同的应对方式，这决定了我们会随着时间的推移、人生阶段的改变，赋予爱情不一样的意义，并对爱人提出不一样的要求，按照不同的脉络经营关系。

弄清这个爱情道理，会有很多好处：

第一，你会不那么执着于一段感情必须天长地久。

第二，你会发现，只要保持自我成长，让自己变得更好，你内心发出的呼唤就能让你吸引到你真正想要的人。

1. 为什么你会爱上“坏男人”？

我们爱上一个人，并不是因为那个人当时使用了什么手段蒙蔽了我们的双眼，给我们吃了什么迷魂药，而是那个时候的我们，就是“本能”地对那个人产生了强烈的需求和好感。

我来解释一下“本能”是如何产生作用的。

举个例子，有的女孩就喜欢那种坏坏的男生，在重点中学、大学读书，自己也是乖乖女，可是却会对那种有点痞子气的游离在班级之外的男孩另眼相看，产生别样的情愫。有的女性二十多岁找了大众定义的标准好老公，过着四平八稳的生活，但在人到中年的时候突然就爱上了一个吊儿郎当、对什么都不在乎的男人。

如果从心理学的角度来看，我们潜意识里有大量被压抑的情绪和愿望，特别是学校里的好女孩，还有那些走上社会后从不让父母担忧，无论工作还是嫁人“从不出错”的女性，她们中有很多人来自一个父母对自己要求颇为严厉的家庭，从小就明白只有按父母和大众的定义表现优秀才能得到父母的认可——可以说，这类女性一直就是活在“框架中的人”。

所以，她们内心对自由、叛逆、个性化的渴望一直是被压抑的，她们考试不能考砸，不能随便逃课，不能吊儿郎当、放纵不羁、随性地生活，她们害怕自己只要稍有差池，就不会再得到爱。

看到这里，我想你或许就明白了，为什么在人生的某些时刻，我们会爱上所谓浪子或者那些其实并不愿意按部就班生活，更不愿意承担责任的男人。

因为这个有点坏，难以控制，看起来对什么都无所谓的男人，活出了“好女孩”内心有而没有敢活出的那一部分。所以，一个女孩当时带着“我只能表现好，要压抑我不好的部分”的潜意识模式，就会“本能”地喜欢那些能够不压抑自己不好的部分的男人。

而且，用自己去爱一个不够好的男人的过程，来完成对自己潜意识心愿的表达：“我就算没有表现出父母要求的那么优秀，但我的父母仍然会爱我。”

一个优秀的女孩，爱上了一个规则之外的“坏男人”，她爱上的那个男人身上有着被压抑的她自己的一部分，其实也是走完“不够好的自己也会被父母悦纳”的潜意识的过程。

当这个“本能”的心愿满足了，女孩也会不自觉地改变内心需求的重点，也会开始从理性、世俗，甚至以自己严苛父母的眼光来要求身边的这个男人，于是这段关系或许就不得不在互相伤害和失望中画上句号，成为一段失败的关系。

这种情况可以避免吗？我觉得很难。

人的本能如此强大，就如同象和骑象人。

我们的大脑理性思维这个骑象人，是无法真的控制那头庞大的潜意识大象的脚步的。

除非将压抑的东西翻出来，去处理那些内心深处被忽视的愿望和呐喊，除非有觉察和成长。

否则一切被你忽视和压抑的，都会通过你的亲密关系和人生体现出来。

2. 你会一直吸引你想要的人

也许现在你会明白，为什么你会吸引到你想要的人。因为你的潜意识，一直在你意识不到的地方拼命工作着。

比如你是一个内心自卑的人，对于亲密关系特别没有安全感，那么无论你看起来多么美丽优秀，面对两个不同条件的男生，你都可能会选那个看上去更普通一些的。

你会告诉朋友“这样的人才是爱我的人，他能包容我”，但其实，你的潜意识的声音可能是“我不够好，我配不上那样的男人”或者“如果我和那个条件更好的在一起，他一定会抛弃我，爱上别人”。

也有一些内心自卑的人，选择了更优秀的那个，然后就把感情生活变成了自己潜意识中的故事，这个男人最终离她而去，爱上别人。

因为在她的潜意识里，她真的不相信自己是很优秀的，是值得被爱的。

这就是感情世界里的吸引力法则。

所以，好与坏，真的不关对方的事，从来都是你自己决定的事情。

有很多读者在后台问我，我的潜意识模式有问题，我的感情生活也很不好怎么办？

我有严重的童年创伤，自我价值感特别低，那我怎么能够吸引到真正爱我的男人呢？

我缺乏安全感，过分依赖，总是怀疑我的伴侣怎么办？

坏消息是，如果你一直这样，你的感情生活也很难有起色，你遇到的人和感情的结局，基本会符合你对自己的定位。

好消息是，你可以通过成长，真正改变对自己的认知，重新撰写关于你的故事，建立价值感，那么在你做到的一刻，你就会拥有不一样的人生，不一样的爱人，即便是同一个爱人，你也会得到不一样的对待。

3. 你遇到的每一个人，都是对的人

亲爱的，从你当时的内心，你的人格，你的潜意识来看，你遇到的每一个他，就是反映了你的全部的那个人。不多不少，刚刚好。

所以从这个角度看，你遇到的每一个人，都是那个时候对的人。

如果弄清这个道理，或许你会不再怨恨这个世界，或许你会停止自责，原谅那个经历了恋爱或婚姻失败，甚至在感情世界里屡战屡败的你，也会停止对自己的贬低，不再认为“他之所以伤害我，是因为我不够好”。

既然我们会经历不同的人生阶段，我们的人格也会经历改变和成长，我们对于爱人的感受、关系的需求，也处于无时无刻不在的变化中。

那么要求一段关系一定要天长地久，满足我们所有的愿望，随时寄托我们的所有情感需求，就是一件太不切实际的事情了。

对于关系的失败、感情的逝去，我们要允许自己悲痛难过，释放这种心情，但是不要急着去归因，归因到对方身上，一句满含愤恨的“我当时怎么就找了这个渣男”，并不会解决你的问题，也不会让你有成长，更不会为你带来更好的男人，也不要急着责怪自己。简单而极端地责怪和归咎自己或他人，恰恰会掩盖我们藏了很多年不想去面对的问题，会使得我们继续逃避，会使得我们难以成长。

你可以试着把焦点从对方身上放回到自己身上，尝试着做心理觉察：

（1）思考当时的自己为什么对他痴迷，他身上的缺点你看不见，是不是因为你刚好压抑了这一部分的自己？

（2）思考现在的自己，究竟需要怎样的感情关系，客观评价这个你选择的人能不能给予你想要的?

（3）如果明知他做不到，却还一直要对方改变，跳出来看看自己是否正在重复一直想要而得不到的创伤体验?

（4）停止去想怎么改变他，觉察自己的真相比思考他为什么这样对你重要得多。一旦你觉察了自己的真相，你就会看清那些压抑和被掩盖的情绪，以及你和他的关系。

亲密关系里的所有故事，演绎的都是你的内心世界那些开放或隐秘的故事。

你既是编剧，也是导演和演员。

他活在他的价值观里，真的和你无关

每个人都活在自己的价值观里，不是吗？

即便在别人看来匪夷所思的选择，在那个人的心里也是对的。

每个人之所以去过“那样”的生活，过得和你不一样，想得和你不一样，是因为他的当下，他的世界，他对世界的看法和取舍，就是那样。

每个人都有自己心中的世界，即使两个人关系多么亲密，也不代表两个人拥有一样的世界。

如果大家都明白这一点，那么就会减少很多烦恼和痛苦。

我觉得了解了这一点，才能了解关系。

掌握提升关系的方法，这只是一个层面而已。根本的道路，是要能够在关系中看到他人。

1. 想控制他人而不能，你会感觉很受伤

“我老公实在让我看着难受，明知道他那个弟弟怎么帮都没用，可是他还是拒绝不了，总是不断借钱给他，为这个我和他大吵过，冷战过，我离家出走过，我和我公婆也翻脸了。真的很累，我真的不明白，他明知道这是不对的，为什么还是要这样？他是不是应该看看心理医生？”

一个大学时代的好朋友，昨晚在微信上向我紧急求助。把家庭看得比什么都重要的她，给人感觉一直是个好妻子、好妈妈。她大晚上突然跟我宣泄情绪，诉说内心的烦恼，我想她一定是对老公“忍无可忍”，对这种关系的现状相当痛苦了。

我给她的建议并不是她的老公应该去做心理咨询；而是告诉她，每个人都有自己内心的判断，和判断背后依托的一整套价值观体系。如果你一定要他认同你的观点，或者所谓的正确和道德，那其实是无视了他的评估和判断，试图去控制他、改变他。

如果你坚持说，我是为了他好，那是为了控制找理由。

如果你因为无法改变和说服他而难受万分，那其实你因为你的执念正在付出相应的代价。

大多数人的痛苦，都是因为对他人的执念。想控制、改变他人而不能，于是就会很痛苦。

但是如果纠正了认知，建立合理化认知，这种执念和因此产生的痛苦就会立刻减轻——这正是人本主义认知疗法的理念。

你怎么认知这个世界，你对自己和他人持有什么观念，决定了你会快乐还是痛苦，纠结还是平静，而不是你拥有的现实可以打多少分，决定你的心情。

我好朋友的老公，明知道屡次借钱给不成器的弟弟，是助长了弟弟好吃懒做的习性，对这个弟弟长期来说也没有什么好处，甚至可以说是害了弟弟，还给自己的小家庭带来经济的损失，会影响夫妻的感情，有这么多的坏处——但是好朋友的老公为什么还是要一而再，再而三地这样做呢？

答案当然是有的——我在他的心里。

放下控制和改变他人的执念，你才有可能看到和接纳别人所想和所做与自己不同的真相。

2. “选择性看见”，是为了理直气壮地控制

我的好朋友只看到“借钱给弟弟这件事不对”，很难接受老公

竟然不能按照道理做对这件事情，很难接受老公在这件事上重复犯错，难以改正，所以很痛苦，连带对亲密关系也感到失望。

可是如果她能看到关于老公的真相，那么她的失望和痛苦就会减轻。

为什么我们总是看不到真相？

因为不想看到。

因为人性很难做到真正的无私。**我理解的无私和高尚，不是你去改变他，救他于你所认为的水深火热之中，而是接纳他的一切，让他平静地活在他的价值观里，直到他真的发出了需要改变的信号。**

没有真正的无私，我们都有自己的目的，所以我们总是“选择性看到”我们想看到的，我们要求他人时，必须要证明我们自己是对的，我们需要给自己“改变他人”提供一个理直气壮的理由。于是，所谓的“对”产生了，道理产生了。

但是，如果能看到你的“对”不一定就是他的“对”，并且接纳他的内心感受与你不同，才是亲密关系里的包容之爱。

反之，就是控制。觉察到了你在控制，也就觉察到了对方的真相。

很多人的内心台词是这样的：“我这么爱你，为你付出这么多，为你着想，苦口婆心，可你却一意孤行，完全不考虑我的感受，这还是爱我吗？”

但其实，这就是在一个人“选择性看到”的“不合理认知”中产生的痛苦。

说回文章开头的故事。我的好朋友也觉得老公的所作所为让她受伤，甚至觉得自己不被尊重，感觉孤独。

可是，她如果能“看到”身为她老公的这个男人，假如拒绝借钱给弟弟，要承担的那种强烈的内疚感；面对思想比较落后的父母的责备，听到父母的叹息，随之而来的对父母和原生家庭的背叛感，她就能体会到这个男人内心的煎熬和纠结——理解他所处的现实，接纳他内心的感受，这才是爱。

如果我们做不到这样去爱别人，那么在别人不能如我们所愿时，至少也不需要上纲上线到“他不爱我”的程度，因为这样就减少了对自己的伤害。

就事论事就好。

如果做不到就事论事，做不到看到对方的“真相”，一味要求别人按照自己的思路“做好”，而不考虑对方的感受，不考虑对方做不到这件事背后的原因，那么伤害家庭和感情的，甚至让关系失败的，并不只是对方，而是双方。

当然，如果他不改变而让你觉得无法接受，终止关系，或者改变关系，划出自己的界限，是你的自由。

将有关自己的一切放在自己的界限之内，让他人生活在他的价值观和人格里，你就会在关系里放松。

想控制结果和关系的人，当然会累。

3. 让他人活在自己的价值观里，是对他人的尊重

除了“我”之外的，都是他人。

无论我们有多么亲密，我们都不是处在一个感受世界里。

也许很多人都记得自己曾经面红耳赤地和对方吵架，坚持自己的观点，拒绝听对方说的话，我也有过这样的时刻。

但是，吵归吵，表达归表达。如果一定要达到自己的目的，让对方认同并执行“你的正确”，那就和爱无关，而仅仅是一个生命对另一个生命界限的挤压而已。

很多时候这样做并不会让我们达到目的：当你试图挤压对方死守的那条界限时，即便在你看来他的界限和取舍是那么的不合理，你都会品尝到对方的拒绝，甚至满含愤怒的攻击，久而久之，这种对峙和伤害会影响亲密关系。

接着，我们还往往惯性地把亲密关系损坏的罪过，全部丢给当时没有向自己的做出妥协和改变的对方。

这不但会造成关系的破裂，还会造成自己无法成长。

这是我所看到的很多关系中的问题和不合理认知。

一个人如果真正爱自己的伴侣，就会感受到他做出错误的决定的真正原因，做出不合理取舍的真正用意。

因为在他感受的世界里，他此刻只能如此。

也许有一天他会如你所愿改变，但那一定是来自他自己内心的转变，基本和你无关。

借钱给弟弟的男人，为什么会不顾现实和道理屡错屡做？因为他体验到的内疚感和背叛感让他无法承受，所以他也不得不做出这样的选择，逃避伤害夫妻关系，将来也会对弟弟的成长不好这样的负面结果，他不可能做到正确，因为他有他的潜意识模式，内心感受机制，有他承受的范围，有他愿意面对的和不愿意面对的事情。

他就是他。他是一个人。

所谓他人，就是他的出生环境、成长背景还有基因都和你不同，他的每一段过去都和你不同。所以他对于同一件事情产生的感受也会不同。

我们常说“换位思考”，在关系发生冲突时，这当然是一种高情商的体现。

但是最高的情商，是共情。

不只是你将自己放在他的位置，去体验你产生的感受，而是走进他的内心，去接纳和体验他的感受。前者是“换位思考”，后者是“共情”。

如果我的好朋友只做到换位思考，那么因为她和她老公成长环境、思维理念的不同，会导致她一旦站在老公的位置，得出的结论就是“如果是我，我肯定不会再借钱给我弟弟了”。因为在她的潜意识模式和价值观体系里，她不会感受到强烈的内疚和背叛，没有这种感受她就可以做出那种选择，毫不费力。

她不是他。

但是共情是，理解他的不能，理解他过不了的关，理解他无法回避的感受。

共情是站在他的位置，用他的心和他的眼来看这个世界。

共情是更高级别的理解。在关系里，这才是爱，才是接纳。

我不想说这是一种高尚或者正确。

我只想说，如果你做得到，你将会真正获得幸福和平静，以及自我。

你对他人的不同的接纳，就是对自己的放过。你因此会获得平静，以及力量。

你的故事也永远无法在别人身上复制，让他人活在他人的价值观里，正是你的强大。

在《我的前半生》中，唐晶问子君，你为什么要去深圳，为了我去没有必要。

子君说：“每个人都有自己认为值得去大力维护的东西，可以是一件事情，也可以是一个人。我是为我自己走的。”

这个“大力维护的东西”，就是价值观，或许有对错，但是它仍然是这个人内心世界的写照，在这个内心世界里一切都有着独属于这个人的排序。

你不需要认同，但你得接受这个现实。

以一个小故事结尾。

一条河，甲曾经蹚水走过去，他对不敢蹚水过河的乙说，走过去就好，其实河水最深处不过到脖子而已。乙能走过去吗？即使两个人一样高。甲说有什么不敢走的，一下把观望的乙推下去，他想着这样乙自己站进河里发现水不深自然就能过去，但是甲不知道乙胆小到恐水并且心脏不好，有过被水淹的内心障碍，结果就是，乙掉进水里的那刻，就被吓晕了。

很多时候，你以为他能和你一样走过去，但其实他可能就被淹死了。

他无法像你一样，无法改变，一定有他的原因。

有的人只有在他的价值观里才能存活。这也是活在当下。不管当下如何。

你说得都对，但是我可以不那样做

界限是什么？我举个极端一点的例子。

朋友A对朋友B说了很多，以证明自己说的是对的，A希望说完之后朋友B能够理解，并希望B照A说的调整自己的行为。朋友B听完之后，觉得朋友A说的也很对，他能理解，也觉得有道理，但是朋友B表示："虽然你说的是对的，可是我还是不想/不能/没有办法这样做。"朋友B这样说的时候没有负面的情绪，因为他的确理解A的意思，但是站在他自己的角度，他基于自己的情况，得出的结论是："你说得对，即使我也认为是对的，但是我还是可以不这样做，我基于自己的状况做出了'不做'的选择，并承担我做得'不对'可能带来的后果。"

即使别人的观点是"对"的，"规则"是成立的，我也可以根据我的实际状况和感受，选择不去遵循那样的观点行事，选择不去按照那样的规则行事，并承担其后果。这就是一个人自我的界限。

大家看完第一部分对自我界限的诠释就会发现几个要点：首先，一个人要有自我界限，就必须有自我内在的价值体系、规则体系，并且这套体系必须是个人的、坚定的、不容易被人侵蚀和影响的。

比如几个闺密约晚饭，小红觉得吃晚饭一定要早点吃，六点整必须吃，她觉得早点吃有利于消化，也有利于减肥。并且小红表示吃得晚了她会不大舒服，感觉消化不了。小白更想晚点吃，七点到七点半开始吃，因为她的作息时间和小红有些不同，出于工作原因，她的作息习惯是晚睡晚起，也很难改变这个习惯，她通常晚上一点多后才能入睡，如果六点整吃晚饭，那么十二点她就会很饿，饿了就会忍不住吃零食，这样她也不利于消化和减肥。小蓝赞同小红的观点。小黄则表示，早吃晚吃都可以，她都无所谓。

四个人在一件很小的事情上，其实已经有了三个完全不同的观点和立场。**那么什么是坚持自己的价值和规则体系呢？**

小红的规则体系是，人要早睡早起，健康饮食，早点吃晚饭有利于消化。听起来是很正确的。但是如果小红用这个“正确”，去跟小白说：“这样比较好，你也应该早睡早吃，早点吃晚饭，你这个晚睡的情况要改，晚上吃零食更要改。”假如是这样，那么听起来小红说的也很对，很有道理。

那么问题来了，小白在这个情景下依然能坚持自己吗？答案是，如果她依然能“守住彼此的边界去坚持自己”，那么她就是一个能看见自己的人，不易被别人的价值体系影响的人。

如果小白坚持自己，那么剧情往下可能就有一些不同的发展：她表示，自己很难早睡早起，早吃的话晚上会饿，所以希望朋友们理解她，如果这个时候其他几个人不愿意迁就和理解，她感到很生气、愤怒，觉得自己对朋友而言不重要。一件小事情引发了很多的情绪。

这不是自我的界限，这是和别人的粘连。坚持自己不代表操控他人的认同，坚持自己就是坚持自己，而别人当然也有不理解你的权利，因为别人也在坚持着她自己，所以这样不算是“守住了彼此的边界”。

她表示，自己很难早睡早起，小红的生活习惯很好，但是自己的生活习惯不是这样，也许不那么好，可是这就是自己目前的生活习惯，所以如果要聚在一起吃饭，那么希望时间可以折中一下，不要每次都那么早吃。并且她理解对方可能对她的生活习惯不认同，如果对方坚持要早点吃，她也可以再评估自己这次是否愿意配合，并且她能承受不配合可能引起的朋友们的不高兴。

注意，她没有愤怒、控制、委屈，因为她很清楚别人与她的区别，知道人和人有不同的生活习惯和认知，在能相同的地方保持相同，在不同的地方保持差异。因此她没有太多情绪和不满。她的内心平静而稳定，她接纳自己的饮食习惯。这就是“守住了彼此界限的坚持自我”。

这就是自我界限的第二个要点：守住自己的界限不代表必须要取得别人的认同。

坚持自我的前提，是自我与他人的分化。如果我们和别人就像婴儿和妈妈一样，是彼此不能区分的，没有界限的，共生的，那么在这种粘连和互融的状态下，当然就只能有一种声音，一种意志，一种选择。

所以，不能分化的两个人，只能拼命向对方证明自己是对的。

将自己的“对”强加给对方，很多时候，其实连强加都谈不上。

强加这个词，还针对着 A 强加给 B。但实际上，在未分化的人内心，这个人因为与他人共生其实也看不见所谓的“对方”，更意识不到“强加”，他很可能只会意识到，我说的“对”，自然对所有人都是“对”的，这还用说吗？

这是一种认知的巨大偏差和谬误，源于人格内在的缺陷。

这个人在对自己的“对”毫不怀疑的时候，意味着他以为自己就是全世界，自己就是真理本身，自己就可以为他对面的那个人代言。所以，“未分化”其实是很疯狂的。

而实际上，非常多的人在一个未分化的状态下，拼命渲染自己的绝对正确，觉得自己就等于他人，全然看不到他人差异性的存在，这种行为其实也是很疯狂的。不管它被假以怎样高洁美好的名义。

适合我的，未必适合你，

我觉得好，未必你觉得好，

我所追求的，未必是你所追求的，

我所在意的，未必是你所在意的，

刺伤我的，未必会刺伤你，

让我感到愉悦的，未必会愉悦你，

让我感到惶恐的，未必让你惶恐……

所以，坚持自我界限的难点，还在于，很多人坚持自己的时候，特别需要别人能理解和认同他这样做是对的。如果这样，那不就是一个双重的目标吗？

本来我就不同于你，是因为你的正确不代表我的正确；可是我又非常希望，你能认同和理解我的正确也是正确的。这是否很难实现呢？

的确很难实现，因为这看起来非常矛盾。但上述字体加粗部分的这句话，在一种情形下是完全可以实现的。

比如一个专业的咨询关系里。来访者和咨询师是不同的两个人，咨询师有着自己的界限和稳定性。来访者的观点，不一定就等于咨询师自己在生活中的价值观，但是咨询师能够理解来访者为什么这样想，并且能表达共情和支持，就是“我充分理解和尊重你此刻在你的角度和立场上为什么会有这样的观点和选择”。

这就是涵容的心理空间：充分理解彼此的不一致，并能涵容这个不一致。这是咨询关系的功能之一。

为什么我们要进行咨询？**我们需要在咨询关系里体验未能从妈妈那里体验到的分化和涵容**。

我们体验到彼此独立却又被理解和共情的感觉，于是慢慢地我们也能内化这种感觉。当然，只有完成了分化的咨询师才能让你体验到这样的感觉。所以不是所有人都可以做咨询师，这不仅是对于专业的要求，这其实更多的是对一个人的人格发展状态和功能的要求。于是，借助咨询，或者通过对心理学的不断学习再在关系中体验和觉察，我们慢慢完成了和原生家庭的分离，构建了比较明晰的自我轮廓，我们能涵容他人和我们的不一致，因此我们不再需要向别人强加我们是对的，我们也不再需要被迫被他人的观点强加。

你不是为了植入你认为的对，也不是为了控制他人，而做出爱的行为和付出。你可以接纳对方保持他自己的不同于你的观点，你也能够坚持你自己，你不会为了坚持自己去攻击他人，你不去刻意证明对方是错的、坏的。**你平静地坚持自己，因为你知道，你本来就有坚持自己的权利，你不需要得到别人的允许。**

如果你走到了这个点，你就一定会体验到——不含诱惑的深情，不含敌意的坚决（科胡特）。

这是我见过的关于界限的最美的句子。

在一个人身上找永远，那几乎是不可能的

爱情是人类永恒的主题。但是很遗憾，爱情却不是永恒的。

可能有人会觉得我后一句话有失偏颇。那么我把它明确一下，我想说的是，一段两性关系或许能持续到某一个人生命的最终时刻，一桩不错的婚姻或许真的能执子之手与子偕老，但是永远保持一样的温度去爱一个人，无论这个人在几十年中有怎样的改变，也无论何时何地，二十四小时的，这样一直持续，是不可能的。

很多人一生都在找一种爱，一生都渴望建立一种关系，这种爱

和关系就是，无论你是什么样子，无论你做了什么，有一个人都爱你，无论何时何地，他会一直如此地爱你，直到永远，直到生命之尽头。

我也曾经是一个这样的人，也在找一种这样的爱。

后来我知道为什么找不到了，因为我和其他很多人在寻找的并不是男女之间的爱情，**我们借着爱情的途径，寻找的是一个养育者对婴儿时期的我们无条件的接纳，以及每时每刻的关注，我们是在寻找一种能照亮我们的存在，决定我们和这个世界的关系的爱——母亲对孩子抱持的爱。**

回顾我的身边，无数人的烦恼都和感情有关。一些人对另外一半有诸多抱怨，还有一些人在等待着真爱的降临，一些人因为失恋哭得天昏地暗，沉浸在无法自拔的悲伤里，颠倒着黑夜和白天。这就是生活。

其实挺好，因为这是一种生命力的表现。有架可吵，有人可以暧昧，有人让你牵挂，还有人惹你伤心，或许有人可以期待——生活因为这些关系变得有内容，有温度。

但是，如果一个人总是想在爱人身上找永恒，找无微不至的接纳，找永远不变的浓情蜜意，觉得只有找到了这样东西，自己才算幸福，那么我真的想和这个人说，别傻了。

你以为你找的是伴侣，是恋人，不是的，你找的是婴儿时期那个应该恰当对待你、抱持你、无条件接纳你的父母，你的潜意识里，你还是那个小婴儿，需要被无微不至地呵护，被全然地接纳和认同。在婴儿的感知里，他们会觉得那才是爱。于是你也不假思索地觉得，只有一个人这样对你，那才叫爱你。

所以，有一**部分人格被固着在婴儿时期的你，总试图在一个人身上找永恒之爱**，试图在一个和你一样的普通人身上找到那种只有母亲能够给她的刚出生的孩子的无微不至，全然接纳。那么答案一定是——找不到的。如果开始的一个瞬间你以为你找到了，那么后来也一定会变的。

我有一个朋友，她的经历很戏剧性，她几乎就找到了这样一种“养育者之爱”。她童年时被父母寄养在亲戚家三年，后来母亲又离开家庭不再履行母亲的责任。童年有严重创伤的她，找到一个几乎完美的爱人，从恋爱到结婚一直就像父亲一样包容她、接纳她，凡事以她为先，甚至是纵容她，接受她一切的缺点，生活上所有事情都帮她安排好，和这个男人在一起，她没有任何担忧，可以为所欲为。

但是她并不快乐，从来没有解脱过。她没有牢固的自我价值感和自我认同，尽管她看起来很美很快乐。她觉得自己还是需要不断地寻找爱人，从别人对她无限臣服的爱里，一次又一次肯定自己是值得被爱的。她进入了一个死循环。

后来她学了心理学，来跟我说，她知道了，丈夫给她的爱，也不算是无条件接纳的抱持的爱，“因为我丈夫再爱我，这份爱也是有条件的，如果我不再是他的妻子，那么他就会收回这份爱了。所以这和父母的抱持性的爱是不同的。他对我也并不可能是永远的无条件的接纳”。

是的，已经是一个几乎可以称得上完美丈夫的人，仍然无法提供绝对的无条件的接纳。这种爱仍然是有条件的。

我也经历过觉得爱情就是人生的全部的阶段，找到一个永恒的爱人，给我理想的完美的爱情，那就是我人生的救赎——爱人，或者爱情，会让我觉得特别幸福，填满我内心所有的空洞，当然，那必须是一个足够好，非常理想的爱人，他能满足我对爱情的一切需求，如果是那样，我就会非常幸福，非常满足。

但现在我知道，其实，那个人不是救赎。一个和我们一样的人，有着所有人类这种生物的设计性缺陷，有着所有和我们一样的人性之阴暗面和软弱，也和我们一样的自私，他的内心也和我们一样，有空洞、有伤痕，他既不是神也不是上帝，他怎么可能救赎我们？

任何一个他，都不能。

我们常常以为我们在用生命投入地去爱，但其实，我们只是在试图填补我们内心那个创伤留下的空洞，我们只是在试图弥补一条潜意识里面的巨大的伤痕——我们当年没有得到母亲无条件的接纳，所以我们没有办法去用那种爱的能量去整合出一个完整的良好的自我认同的人格。

我们在童年没有被好好地“看见”，也没有被恰当地温柔地对待，会让我们在潜意识中误以为我们是不值得被爱的，是不够好的，所以长大后的我们，潜意识极度需要证明我们其实是值得被爱的，我们是足够好的，我们太希望被随时随地看见，我们无数次发出呼唤，需要爱人给我们无数次肯定的回答——我爱你，我们才能慢慢相信自己是美好的，是值得被爱的。

我们到处去寻找，甚至用一生去寻找那种无条件接纳的抱持性的爱，为了得到这样的爱，我们在爱情里跌跌撞撞、头破血流，下最大的赌注，然后迎接巨大的失败，一次次痛彻心扉。

这耗费了你很多时间和心力，但这却不是真的救赎之路。

我好想抱抱你。如果你内心住着一个惶恐无助的需要证明自己是被爱的小孩。

我想告诉你，**救赎之路不在你寻找的爱人那里，不在你已经找到但是可能已经让你觉得有所改变的伴侣那里，而是在你自己的心里。**

没有一个人能代替我们的父母重新爱我们一次，这个过程是不可逆的。母婴关系对人的影响是一生的，如果有另一种爱可以轻易地在后期去弥补母婴关系在这个人身上造成的缺口和创伤，那就没有那么多的心理学家去研究母婴关系了。它是你潜意识人格的基础。大家或多或少，都有一些伤痕，拥有一位抱持性母亲的人，真的很少。而你和我一样，我们是大多数。

就像大多数人一样，我们投入地去恋爱，我们也曾经遇到过最真挚的爱情，至少有那么一段短暂的时间是的，世界都为之停驻了。你相信那一刻，在那个人的世界里你就是天使。只不过后来，时间又开始流动，一切都变了。即使现在那个人仍然在你的身边，和你生儿育女，一起生活着，但是你仍然能随时感受到被无条件接纳和爱护的感觉吗？

我们可能会争吵，我们也会被不认同，我们有时会觉得非常孤独，我们甚至会说出互相伤害的话语，我们背靠背疏离着，我们默默品尝在矛盾爆发的那刻被攻击、被伤害、被否定，甚至在那之后被冷暴力、被抛弃的感觉。即使一切都进展得很顺利，对方接受了你的投射，需要他做你的父亲或者母亲，当你把寄托在母亲身上的那种婴儿般依赖的情感寄托在某一个人身上，那么在这个人的注视下，你才能拥有自己的人格，你才能肯定自己的存在和价值，那么这个人离开或者对你改变的时刻，你也就粉碎了。

所以，这绝对不是最终的解决方案。

首先你要意识到这不可能，然后你才能放弃“用一段一段的爱情，去医治你内心小孩的创伤”，你才可能停止向外求取，转而向内，你才能不再用“被别人爱着的”那种感觉去“抵抗”内心深处的伤痛，你不再抵抗，于是你面对了那个伤痛，生平第一次不带抵抗地去和你的伤痛共处，和那个童年的自己待在一起，观察它，体会它，这就是觉察——然后如果你有勇气和这个伤痛就这样平静地待在一起，而不再到处去寻找逃避的方法的话，你就很有可能逐渐在内心滋长出力量，和你的伤痛和解，走上一条成长的道路。

很多人，把能量都用在了外面的世界而不是自己的内心。

他们以为爱人是最终救赎的人，所以觉得我只要很优秀就好，我只要很讨人喜欢就好，去做很多努力，然后在一段关系中，无时无刻不在关注着对方，尽量让他对自己更迷恋、更喜欢，又很焦虑、担忧他有一天会不喜欢自己或者突然消失，于是又做很多努力和防范。爱情的温度很高时，害怕会失去如此好的爱人，爱情的温度低了又会不断向对方索要情绪价值，就这样周而复始地折腾，直到把自己折腾累了，心死了，要么换人，再重新折腾，要么宣判自己这辈子就这样了，得不到什么真爱了，潜意识彻底投降——我果然不是一个值得被爱的人啊。

五年，十年，十五年，二十年。就这样一直费尽力气地走在和另一个人纠缠的路上，无论是恋爱、失恋、换人还是结婚、离婚，你有没有真的停下来去自己的内心看看？尝试去看到那个关于自己的真相？尝试用这个长大的自己去面对童年的伤痛，而不是从外部世界寻找最终的解答？

如果把这么多的想在一个人身上找永恒之爱的期待和能量，拿来学习了解自己，拿来静静陪伴自己，拿来尝试和那个童年受伤的小孩相处、对话，关于你这个独一无二的个体的真相会慢慢浮现，它浮现出来的时候，你可以借由这个真相，得到巨大的成长，这个改变往往在一瞬间。**我们很多时候就是想用一个或者很多个爱人，去掩盖我们生命的真相，掩盖那些可怕的伤痛，因为那些伤痛对于一个婴儿来说是无法承受的**，我们根本停不下来，就像条件反射一样。于是，我们误以为我们“永远”也无法承受，这种误以为会让你错失生命中的成长。

好像一个已经学会了走路但不敢离开学步车的孩子——丢掉学步车，就算你会摔几跤，可是奖品是学会了走路，你一辈子都不再需要依赖学步车了。

寻找永恒的爱人，就是我们的学步车。如果我们一直寻找，或者一直依赖那个人，我们就永远无法学会走路。如果我们找到了一个看起来很像是母亲般接纳我们的爱人，那么我们会极度依赖他，把一切都寄托在这个人身上——尽管找到好的爱人是一件幸运的事情，但是我认为一个人心灵和人格的成长，才是最终的道路。

当你不再需要那辆学步车也可以坦然走自己的路，那么你会发现你可以去走任何一条你选择的道路，你才能理解什么是“爱一个人”，而不是把那个人当作你痛苦的解药，那时的你，才能获得生命的自由。

几天前，一位读者的留言让我很感动，在此和大家分享她的故事。

她说，回忆起某个特别清晰的瞬间，她读四五年级时父母给她报了一个作文班，交上去的第一篇自己觉得很一般的作文，老师却说她写得特别好，并且还朗读了她的文章，说要好好培养她今后去市里参赛。然而，在一个重男轻女的家庭长大的她，生命初期的养育让她形成了低价值感，她“无法承受我的价值是被老师认可的”，老师的表扬和肯定让她以后再也没有走进那个作文班的教室。但是这件事，却在她记忆的深处，一直静静地待着。

当她看到有关“抱持性的爱”的文章，她回忆起了“这件小事”，这个瞬间，其实是她人生的大事。

我们在爱人身上找不到那种永恒的感觉，不代表我们就不能被爱治愈。任何一个抱持性之爱的瞬间，如果在你心里发光发热，那一刻即是永恒。那一点幽微的光亮，也会逐渐照亮你的成长之路。

试着这样去感受：

对你不够好的父母，曾经表达过爱你的那个瞬间；

那些分道扬镳的男朋友，曾经把你当作天使去爱护的那个瞬间；

你的好朋友在你难过时支持你的那个瞬间，即便现在你们已经各奔东西；

现在经常和你吵闹的兄长或者姐姐小时候挺身而出护过你的那一个瞬间；

你童年时的老师发自肺腑地鼓励你、肯定你的那个瞬间；

…………

我相信我们的潜意识之中，自然有着治愈自己的能量，那是你自己爱着自己的力量。它一直都在。经过这些他人对你认可和接纳的瞬间，这些温暖的联结，你内心对自己的爱会被激活。好好爱自己，和自己的伤痛实现和解，是成长之路。

写下留言的Alane，说她记得的那个瞬间是一个很热很晒的下午，小池子里没有鱼，当她磨蹭到兴趣班的时候，班上的孩子都已经下课离开了，然后她听到了那番老师对她说的话。她说，现在的她理解了："哪怕我的文字只是微不足道的抱怨，我也和别人不一样，这一点点不一样也是可以有人理解和看见的！"

当你看见你被"看见"了，那个瞬间就可以带来治愈。但是那需要你的觉察。

这抱持的爱的一瞬间，也可以是你的永恒。

不谈原谅，只是了解——去看看小时候的父母

人类的情感很高级，一瞬间我们就会产生各种各样复杂的感受，同样的一件事发生在不同的人身上，激发的感受，随之产生的行为也各有不同，无法预测。

但人类的情感也有它特别简单的一面。就像化学反应，充满了因果规律性的东西，因而精神分析可以分析它，心理学理论可以解释它。一个人可以通过他的童年、他经历的种种，判断出一部分他现在的内心，比如潜意识、习性。他对一件事的反应，似乎是注定的。这是复杂还是简单？在学习了心理学，开始见到一些来访者的时候，这成了我心里的一个问题。让我不得不去思考，人，究竟是一种怎

样的存在。

很多人在了解了“原生家庭”这个词，看了一些关于原生家庭如何影响人的一生的文章后，可能都会有一种悲伤感、无奈感、无力感……即使你不了解心理学原理，大概知道了原来我们的种种情绪的另一端，早在根本记不起的某个孩提时刻注定——只有这种“知道”的话，可能还不如当时的不知道呢。

只有你才能选择未来的自己

没有一个人知道你下一刻要做什么，只有你知道。无论原生家庭对你的影响多大，你都有今天的选择。也是因为这种选择，实行这种选择的力量，让我们觉得自己在活着。

有读者回复我的文章，我很感动，说的都是自己的亲身经历。一位读者说，自己的后妈小时候经常打自己，而自己也刚刚一巴掌扇到了很乖巧的孩子脸上。她恨自己，可是她不自觉地复制了这种行为。

脱离这种“不自觉”，是需要力量的。“觉察”这两个字内涵很重，可能你走过这条通向觉察的路，走了三四十年。我想读者中可能有大量这种年纪的人，等到自己也成了父母，等到自己也重现了自己儿时的那个场景，才猛然想起，才有所觉察。但一旦开始觉察，你的生命层次就提升了。你不再是一个完全被那部分创痛的、黑暗的潜意识包裹的人，无论外表多么光鲜，内心却像下着雨，从早到晚不停，你去体验了你的一部分黑暗，拥抱了压抑了多年的悲痛，然后这一点点黑暗，就开始发出光明，这就是觉察的意义。

你做了很多功课，直到有一天，你的能量和认知充沛到你做到了觉察，在你打孩子之后，那么下一次，你可能在打孩子之前就觉察了。就如有读者说，坚持看这类文章，更多地了解自己，然后她决定要拼尽全力给孩子一个美好的童年，这就是心灵的选择。

也许有心理咨询师会担忧，确实有很多潜意识的东西，不是说我们意识上决定背道而驰，我们就真的能把它远远地抛下，但如果主动地选择，用力地活着，去完成自己内心充满爱的那个目标，即使你仍然和你潜意识的黑洞并肩而行，你也不是个毫无知觉地制造着悲剧的恶魔。你会是一个有缺点有优点，有爱有恨，会封闭但有时也会很温暖的人。而且你知道你前行的方向。

经历再痛苦的创伤，你仍然有选择

很多没有被父母温柔对待的人给我留言，字字句句都是悲愤的呼叫。有人说，为什么要原谅父母，和父母和解，我不想，也永远不会原谅他们。

其实，我想，这里的重点不在于原谅，而在于了解。我们如果去了解父母的黑暗面，我们的内心会不一样。

原谅，是一个很沉重的词，我们不要用它。有时，创伤就是我们的标志，就是我们存在的一种证明，原谅会让这个标志消失，我们害怕标志消失了自己也会消失，我们是经由痛楚和愤怒不断汲取着力量在人生中闯荡，我们害怕这种力量消失，所以不说原谅。

我觉得，这是一些有着不幸童年的人的想法，不是我猜的，我就是这样想的。痛苦给我力量。

但是，觉察和了解也能给你力量。**痛苦带给你的力量是去抗争，和别人斗，和任何事情斗；而了解带给你的力量更大，它让你不再斗争，让你去爱这个世界。**

学会了解的人，不会去愤怒地呐喊，为什么只有我遇到不爱我的父母？学会了解的人，也不会说，既然父母给了我原生家庭的创伤，他们就是一切的罪魁祸首，而我遇到的糟糕的一切都和我无关，我的一切性格缺点，都是拜他们所赐。真正学会了解的人，不会去延续父母的故事。

所以，你可以选择去了解，去看看小时候的父母亲。

去看看小时候的妈妈

情绪应该是这样，先看见它，再接纳它，然后治愈它。或者说

转化它，放下它。压抑它，它不会消失；否认它，它不会改变。所以几个心理学大师级的老师，都在写这种探讨孝道的文章，父母也是人，不会因为变成父母就自带光环。我们拥有说自己是因为父母而悲伤、而屈辱、而愤怒的权利，知道自己可以这样，然后看见、承认、接纳自己真实的情绪，我们才可能走出来。

但不是到这里就完了。就我个人而言，至少不是。

我妈妈是家里的老三，上面有一个哥哥、一个姐姐，下面有一个弟弟。从小，外公外婆工作很忙，她说家里只有她的外婆疼爱她。她说起这句话，会让我感到难过。她说遇到自然灾害，她吃不饱，早上拿着很小的一个馒头去上学，结果一出门就被人抢了，她哭了一天。她说这个故事的时候，我代入地想了想，也很难受。她还说过自己被父亲连累，从班上的好学生成了被人唾骂的人，读到初中就没书读了，后来下乡，挑水种田。最惨的一个故事是，因为出身不好，父母也没有什么关系，当年身边下乡的同学都回到了城市里的家，被工厂录用，但是她没有。她身边的女知青一个个走了，剩下她一个，那时她只有十几岁，一个人住在农村知青的房子里。到了晚上，那个房子的门都没有锁，一推就能开，她在门都没法锁的破房子里，想着如果半夜有坏人进来侵犯她怎么办？她当时就是那种长得很水灵的姑娘，她说她唯一的自卫武器就是一盆水，那时候是冬天。

就一盆水。除此以外，没有任何东西可以保护她。

后来，她走了一晚上的路，在负责上调知青的干部家门口等着人家起床，哀求干部调她回城，别人出来刷牙看见她，心生恻隐，她就这样回到了家。

而且，我外婆和外公感情也不好，是那种有很大问题的夫妻，这就是我妈妈的一小部分生活。

相比之下，我庆幸我出生的年代比她晚。我庆幸自己没有经历当年那些苦难。小时候我曾经觉得，读到初中没书读，整天玩也很好，比我那个集中营似的重点高中强多了，可是，现在再去想，二选一，我还是希望有书读，还是希望人可以通过奋斗去创造自己的未来。如果说，无论你如何努力，你的一切都被家庭决定，那是一种我不能想象的毁灭的感觉。我不知道我经历了会怎么样，但是我妈妈经历了。

我在她小时候遭遇的痛苦的边缘待了一会儿，默默注视着那个时候的她，我有一点点了解她为什么会这样。不是去分析什么原因带来什么样的人格问题，而是用我对一个旁人的怜悯去试着看她。我发现，她不只是有当时控制我、要求我而让我产生的愤怒，她也是一个人。她是一个妈妈，但是做一个好妈妈，这个任务对她而言很艰难。她一直都在填补自己那个洞，到现在六十多岁还没填满，所以她对我没有很多的爱，或者说不是只有爱。但是我比她幸运，我确实比她拥有更好的环境。如果她出生在我的年代，也许她也能觉察，也会成为一个和我差不多，甚至比我还好的妈妈。

如果她不是我的妈妈，出生在我的年代，也许她会是一个比我做得更好的妈妈。

没有人知道答案，没有人能从头再来，没有人能选择自己的出身，我们不能，我们的父母也不能。我看过这样一句话，稍做修改："曾经的亲子关系，只能确定是一种血缘关系，它的主要成分不一定就是爱，要认清并接受才真的是人世间最大的修行。"

不谈原谅，但试着去了解。心灵的成长，每一个转角都有奇迹。走下去，你就能消除你身上的烙印，从伤痛里开出花。

成为更好的自己，就能被爱了吗？

很多时候，我们的努力都是为了得到父母的爱。

不了解心理学的时候，我以为自己“天生”就是一个追求完美，对自我要求很高的人。

学习了心理学，开始做心理咨询师，面对一个个来访者，在不同的人身上看到同样一种痛苦，甚至以他人的故事为镜子，也照见了自己的内心，我才发现——原来如此多的人生，在如此长的时间，我们做了如此多的事情，都是做给内在的那个父母看的。

希望得到他们的肯定，被“内在父母”肯定和爱的那一刻，觉得一切努力都是值得的，世界如此灿烂，我是好的，我才获得了高兴的理由。

原来，我们总是以为，成为更好的自己，就能被爱了。

我没有和父亲居住在一个城市，已经有十多年了。即使以前读书，因为父母离异的关系，和父亲也并没有在一起生活很久，十二岁之后的岁月，一般是半个月或一个月见一次。但是，我很爱我爸爸，和他的联结很深。爸爸也很爱我，但他对我比较严厉，几乎不夸奖我，无论我做得多好，他对我的期望都只会更高。小时候，他对略有点骄傲的我说："你就像一只井底之蛙，知道吗？"这句话带给我的挫败和羞耻感，伴随了我多年。

学了精神分析后，我知道有时候父母对我们的"爱"会以"反向形成"的方式来表达：**我虽然很爱你，但是这种爱让我不适，无所适从，所以我用一种看上去不爱，甚至是攻击你的方式来缓解我的这种潜意识中的不适感。**

爸爸爱我，但是因为他的童年和成长经历形成的人格，这种对我的爱让他感到不适，在他的意识无法察觉的情况下，他以一种很严厉、要求很高、从不表扬的姿态将我和他隔开。

他可以在一定的距离之外，默默地爱我，这是他可以接受的爱的方式，他必须也只能以一个严厉的父亲的姿态，出现在我的生命之中。

我们不可能选择我们的潜意识，我爸爸也是。

爸爸有自己的故事，有他不能选择的童年，有他严重的内心创伤，所以当我明白了一切，我也就接受了这一切。

但是，接受不等于就能让这种影响消失。

因为拥有以“怪怪的”方式来“爱”我们的爸爸和妈妈，也给我们的人格形成、我们对爱的理解、我们对自我的接纳和要求造成了巨大影响。

这是我们需要臣服、接纳的事实。

小时候我们只有做得特别好，带着学校的好消息回家，才能看到父母的笑意，在这个柔和的语气里，放松的氛围里，我们才能感觉到自己并不是麻烦的存在，而是一个令人喜爱的孩子——这种模式日复一日，固化了我们的人格，也形成了我们的“内在父母”。这种模式形成后，我们就成了那个即便父母不在身边，我们已经长大成人，却无法停止对自己的各种要求、执着，觉得自己一定要达到一个目标，要做得比别人好，自己才是好的。

这渐渐地变成了我们意识不到，也难以一下子改变的人格模式：我总是要对自己提出要求，而我达到要求的那一刻，我可以拥有对我这个个体非常重要的体验，即我很好，我被喜欢和接纳。接着，我“内在的父母”会对我提出下一个要求，我高兴不了多久，一天？一周？可能连一周都没有，我又会投入下一个目标。

很显然，这种事情不是“天生”的。这种事情，在包括我在内的很多人身上上演。

有人问，那我如何改变这种人格？我也觉得自己对自己不断提要求很累，可为什么我停止不了？

我把它写出来，就是为了让你看到它。

因为你看到了它，这种潜意识人格对你的作用就会减小。

当你下一次执着于自己的成绩和表现，执着于你没有达成的目标时，你的大脑里或许就会有另一个声音告诉你：你这么努力，其实只是为了让父母爱你，你知道吗？

而且你还会把这种和父母之间发生的事，放在你和你的伴侣之间，你想成为更好的自己，是为了得到他们的爱。

成为更好的自己，就能被爱了吗？

在那一刻，当你看到你在做什么，为什么而做，你一定会有所不同。

这就是我写这些的意义。

这就是看似无法量化评估的一次又一次心理咨询的意义。

我们不只有“内在的父母”，还有我们已经在过去流逝的岁月里，在我们的生命早期已经认同的父母的人格、父母对我们的评价或期待，我们内心也有我们自己，有我们自己的生命力，有我们自己独立于他人想要生长的力量，还有我们自我实现的本能。

这一切，会聚成了自我。

我们或许很难和“内在的父母”割裂，或者彻底切割，因为我们也需要和父母的情感联结，但是我们如果将属于自己独立的那一部分自我锻炼得更为强大，我们就可以做到不再一举一动都是为了“内在的父母”而做，我们才能真正地想到、体会到：“我的内心到底需要什么？”

否则，我们永远都是在父母面前想要得到一句夸奖的孩子。

场景转换，父母变成领导、朋友、恋人、伴侣，甚至孩子，我们还是那么想要得到对方的认可和赞扬。

这种执着，让我们看不到其他，看不到自己，看不到更为纯粹的爱其实和这个人的表现无关。

很多人都是不自觉地在“求好心切”。

我有一个在工作上非常努力的舅妈，记得我七八岁的时候，有一天舅妈郑重地对我和表妹说：“记住，做人一定要努力，要吃苦，吃得苦中苦，方为人上人。”她说这句话的神态和样子，那种极度认真虔诚的程度，把我和表妹都镇住了，表妹一直点头，而从小比较叛逆的我，还是大着胆子对舅妈提出了一个问题：“可是我们为什么要做人上人呢？”

后面她怎么回答的，我不记得了，但是舅妈的这句语重心长的人生教诲和我的提问我一直记得。

为什么我一定要做“人上人”，要比别人成功，要和别人比，我就做我自己，不可以吗？

今天的我，可以把这句话说完整了，你呢？

我后来长大，才知道我舅妈的一些故事，她小时候是被父母寄养在别人家长大的一个女儿，被父母遗弃，希望以自己的努力创造出的价值，换得父母的爱和肯定，这种内心的动力，一生都没有停止过。

做了人上人，她的父母就会爱她了吧，就不会把她放在别人家了吧，这就是贯穿我的舅妈的一生的故事。

我想起了那个关于乔布斯的故事。

伟大的乔布斯，是一个被亲生父母遗弃的孩子。他有对他不错的养父母，但是从一开始，他就知道自己的亲生父母不要他。这种“不要”带来的影响，一辈子都没有离开过乔布斯。他追求完美，想要证明自己，让离他而去的父母看看他有多么优秀，这种巨大的动力，创造了改变世界的苹果手机，但是，他的内心是否幸福、快乐、宁静呢？他是否能自我接纳呢？

实际上，乔布斯的一生，都在艰苦地和自己斗争，直到离去的一刻。追求极致完美的他，对美就有着狂热的偏执，也因此创造了不可思议的苹果手机，而他身患重疾接受抢救的时候，还曾拒绝使用医院配备的氧气罩，就因为氧气罩的款式太丑——一个人，追求完美到这样的程度，他的成就背后，何来真正的接纳和自由？

他的一生，都是在努力做到比100分还要高的分数，企盼证明自己的优秀，从而改写当年父母遗弃他的那个时刻的一生。**这背后是一个不被爱的灰暗的自己，和一个极度优秀的有力量的自己共存并不断斗争的一生。**

所以，我们要努力，但是，我们如果用一生的时间都努力给“内在的父母”看，希望得到当年他们没有给我们明确表达的爱意，那就可悲了。

我们应该为了那个想要破土而出的独立的自己而努力。

第一步就是“看见”自己的潜意识，让潜意识“意识化”，“看见”自己追求完美的背后，对自己不断提要求的背后，潜藏的真正原因。

我是想要为自己做得更好，让自己变得更好，还是一直在把“我非常好”变成一种筹码，希望换得父母、伴侣、孩子的爱？

即使做同样一件事情，带着不一样的心情和动机去做，那种感受是完全不同的，这件事情的另一端的他人的感受，也是完全不同的。

这个第一步，意义重大。

因为，我们的人格，是通过那些被隐藏在潜意识之中的，影响我们人生的“重要模式”被看见、被接纳、被重新定义，从而实现改变和整合的。

直到今天，我仍然在意我父母对我的评价。

我也仍然会在完成了一个小目标之后，对自己马上提出更高的要求。

前几天，我给爸爸打电话，我很开心地告诉他：“爸爸，我写的文章反响还不错哦，我要出书啦！”我爸爸听了并没有表扬我，他只是说：“哦，写文章能赚钱吗？你的公众号什么时候能有一百万粉丝，出书应该就会很畅销了。”

我似乎还是那个考了第一名想要爸爸奖励我一个拥抱、一句赞扬的小孩，而我的爸爸，还是那个爸爸。

这个故事，我想会在我和爸爸之间继续上演吧，所不同的是，过去我只是其中的角色，而现在我成了可以读懂这个故事的人。

我的父母，不那么爱我

有一个童话故事叫作《长发公主》，故事的情节是这样的。

长发公主的头发有让女巫葛朵保持年轻样貌的魔力，所以女巫偷走了还是婴儿的长发公主，将她囚禁在自己的城堡里。

公主在那里长大，不知道自己的父母是谁，每天都要辛苦劳作，也不知道外面的世界是什么样子。

十八岁的长发公主胆子变大了，她渴望外面的世界，趁着女巫熟睡，她违抗了女巫“绝对不能外出”的指令，在一条小龙的陪伴下，偷偷溜了出去。

她见到了集市、村落、一座巨大的城堡，还有英俊的王子。

等她回到城堡，女巫大发雷霆，她指着公主咆哮："我辛辛苦苦养育了你，你竟然这样违背我的意愿，忘恩负义！"

公主辩解并哀求说："可是外面的世界很美丽啊，我真的很想去看看！"

女巫说："外面的世界有很多很多坏人，你只有在城堡里才能得到我的保护，**我是为你好**，你懂吗？"

女巫的阻拦没有能真的挡住长发公主内心萌发出的对更广阔的世界和自由的向往。

故事的结局很美好。

有时，我们和父母、原生家庭的关系，就像是长发公主和女巫的关系。**你能否有力量走出那个原生家庭给你限定的世界，决定了你的故事的结局。**

1. 一直控制孩子的父母，并不真心希望孩子长大

父母对孩子的养育里面，并不全都是爱。或者说，除了爱，也有很多父母自己的欲望、自己的创伤、自己的人格尚未完善的部分在里面，还有人性的自私。

没有人可以说，孩子应该做怎样的孩子。但是，**父母应该做怎样的父母，却是可以去探讨、去学习的。**

父母应该找到自己最恰当的位置，愿意尊重自己的孩子，并学会放手。

然而还有很多父母，出于自己的软弱、人性某些自私的本能，一直控制着自己的孩子，直到孩子成年甚至二三十岁了，还是不愿意放手。

这种控制通常体现在：

（1）对你所做的一切都要挑剔和纠正以显示自己的权威。

（2）对你任何想要去尝试的新方向和任何你个人独立做出的决定，都予以坚决的反对。

（3）很少鼓励和夸奖你，总是否定、打击你。

（4）非常喜欢说“我都是为你好”。

（5）非常喜欢说“看我为了养你变成现在这个样子”等回顾、形容自己为你如何含辛茹苦、牺牲、付出的句子。

写出这些句子，大家可以对照，你的父母有没有以爱之名对你的人生进行控制？

2. 不完美的父母，是我们要看到的真相

童话故事中的女巫，像极了某些父母。

失去对孩子的控制，就失去了权力，失去了负能量投射的对象，

自己会感到深深的失落、畏惧、孤独，还必须承受不想承受的衰老无力感和投射不出去的对**“自我的不满”**（女巫失去公主的头发就会衰老）——因此要打压孩子、否定孩子、插手孩子的一切、说外面都是坏人，所以你必须听我的（女巫不允许公主接触外面的世界，说那里有很多坏人，指责公主偷懒耍滑）；然后以**“我辛苦养大你，是为了你好”**来进行情感要挟（女巫也对公主说，我养大了你，你竟然不听我的劝告）；最后如果孩子还要表达自己的独立的愿望，那么会对孩子进行道德上的攻击（女巫说，你简直是忘恩负义，背叛了我）。

这是一个很容易就在“看起来很美”的亲子关系中上演的，**控制者用各种方式来实施控制、杜绝反抗的过程**。

如果你看不到父母也是人而不是神，看不到父母既然是人就有不完善的人格的可能，父母也有创伤，也有爱的缺陷和爱的能力的缺失，如果一厢情愿地设定，父母爱我就一定会怎样对待我，就一定不会出于自私或者软弱或者欲望“以爱之名”来控制我、伤害我、阻挠我的成长，那么这种一厢情愿的想法，真的会给你带来强烈的伤害，并且你会一直难以从原生家庭带给你的创伤中走出来。

如果在你的认知里，父母不管怎样，一定是为你好的。

所以当他们否定你，你会觉得自己是错的；当他们打压你，你会觉得自己不够好，但其实这不是全部的事实。

就如同女巫自己对于衰老的畏惧，她不想面对，采取的方式就是控制长发公主，这样她就可以不用衰老，就可以很快乐。有的父母也是因为不想失去权力感，不想失去子女对自己无条件的认同，不想面对自己的低价值感和无力感，所以希望将子女的人生永远掌控在自己的手中，看到自己在孩子人生中拥有绝对权力和绝对的重要性，他们就能感觉良好和满足。

女巫和那些“以爱之名对孩子死不放手的”父母所做的事的本质，同样都是为了回避自己不喜欢的感受，让自己感到愉悦。

“父母也会自私，出于本能的自我保护也可能会牺牲孩子，可是他们意识不到”——你的父母或许不像你期待的那么爱你，因为无条件地爱孩子，也是一种能力，需要人格的力量，他们或许没有做到，或者还在路上。

看到这个真相，你就可以不再无条件认同他们所说的一切。

3. 别再对那些标签照单全收

父母在我们很年幼的时候，对待我们的方式，很大程度决定了我们的人格，这里面是爱还是无视，是接纳还是不接纳，的确是影响了一个人的潜意识模式，影响了这个人对自我身份的认同、定义和价值感的建议。

但是，唯有看到父母也可能不完美、不正确，看到父母也可能有出于本能的软弱和自私，那么我们才能去觉察父母对我们的所作所为背后的心理动因和潜藏的情绪，而不是在简单地无条件地对父母所说的一切照单全收。

不再照单全收，学会觉察和思辨，而不是沉浸在我很自卑、我什么都做不好的情绪里，就能慢慢成长，增强人格的力量。

孩子总是无条件认同父母，至少我们小时候是如此，但是假如现在你已经足够成熟，那么你就可以去觉察、分析父母的行为背后的含义，然后再做出自己的反应和选择。

当父母说你无能时，不要马上觉得自己就是真的很无能，并因此感到羞愧；当父母说你怎么这么大了还不结婚，当心以后没人要的时候，不要马上就觉得自己可能真的嫁不出去了或者娶不到老婆了。

你要学会维护自己的想法，学会抗争。

就像长发公主一样，对于强大的事物，我们都有畏惧。但是别忘了，有一天你也会变得强大，要给自己这样的相信和机会。

长发公主也害怕女巫，但她见到了外面的世界还有王子，这种对于自由新世界的渴求和爱情的力量，让她充满了斗志——**在我看来，这就是一种强烈的生命力。**

长发公主的生命力被唤醒后，她为了自己而争取，最终得到了好的结局。虽然王子公主不一定就有完美的婚姻，但是我看到的是，她离开了囚禁她的城堡，完成了她自己的成长。

每个人都可以做出自己的选择。

你是选择活在他人的控制里，还是要为自己的人生而战呢？

这需要你去面对创伤、需要疗愈、需要学习、需要做心理咨询，但是最重要的是，需要你自己的勇气。

《长发公主》这部童话动画片，有一幕让我久久难忘。

她要离开囚禁她的高塔，外面她的朋友——会飞的小龙正等着她，小龙也是刚刚学会飞行，而她需要跳上它的背离开，这是她唯一的机会。

长发公主深吸一口气，望着高塔外的天空，然后鼓起勇气纵身一跃。

她的眼睛里，是对自己的相信和对未来的期望。

我就是不完美小孩，妈妈你接纳了吗？

“凡事皆有两面，

每个人也同样拥有两面，

一面我们展露于世，

另一面我们深埋于心。”

——《复仇》

我们的故事，总是从妈妈开始。

有的人以为自己遗忘了，但其实和妈妈的故事，每一个片段，都一直在你记忆的最深处。

有人给我讲了一个这样的故事。在早班的公交车上面，她看到一个小女孩和奶奶坐在一起，这时妈妈打来了电话，小女孩迫不及待地从奶奶手里抓起电话大喊“妈妈”，顿时整个车厢都是小女孩高兴的雀跃的声音在一个劲地毫无保留地讲着她最近发生的事：

“妈妈，我想告诉你一件事，我昨天吃汉堡了！”

“妈妈，我们学校放假了，老师说我可以提前回家了！”

“妈妈……”

“妈妈……”

一边的奶奶不耐烦了，催促小女孩：“哪有那么多事要说啊？”

可是小女孩抓着电话不愿意放下，自顾自地接着和妈妈说话，后来应该是妈妈那边把电话给挂了，小女孩只好失望地把电话交还给奶奶。

告诉我这个故事的人写道：

我静静地在车上看完了这一幕，突然想起儿时的自己也是这样想要把整颗心分享给妈妈，可是妈妈不懂我的爱，无视我的爱，我现在再也学不会发自内心地去和妈妈沟通了。

妈妈现在会抱怨我不爱她，但是我很想对她说：“你还会想起那个小女孩时的我吗？你知不知道那个时候我是全心全意地爱着你啊！”

1. 每一个孩子最想要的无非是接纳

孩子天然地爱着父母，对孩子来说，他们最想要的，其实就是父母能接纳他们的这份爱，看到这份爱，回应这份爱。

一个孩子通过和妈妈的这种爱和回应爱的联结，建立孩子和世界的关系，这对于孩子的一生，都有着非常重要的意义。

如果被妈妈接纳，就意味着被整个世界接纳。这是好的部分，可以让一个刚刚来到这个世界的脆弱的生命通过这种接纳的回应变得有力量，在这种联结中，自我那部分慢慢生长。

反过来，如果没有被妈妈接纳，就意味着被整个世界不接纳，这对幼小的孩子来说，是一种毁灭性的感受。

我妈妈是一个追求完美的人，喜欢控制，对我的要求也很高。

这意味着，如果达不到她的要求，或者有她控制以外的事情发生了，她给我的回应就是不接纳，而我在不断体验到妈妈这种不接纳的反应之后，就逐渐形成了我的人格的一个部分，即我也无法去接纳我妈妈不接纳的那部分“我”。

很小的时候，我妈妈不喜欢我出去玩，她对于作为小孩子的我想要出去玩的心情和享受一些自由的渴望不接纳：因为出去玩可能会有意外，我可能会摔跤、会感染细菌、会很麻烦，吃她规定之外的东西可能会不舒服、会牙齿不好、会消化不好，那么情况就会在她控制之外，那么她就会是一个不完美的妈妈，所以她对我严防死守，她不接纳一个孩子要出去玩的天性——因此我很小的时候，对于出去玩这部分几乎没有什么记忆，我从来没有在草地上撒欢、奔跑等无拘无束的体验，我在公园拍出来的很多照片也是静静地站在那里和公园的氛围完全无法融合在一起，我只要稍微想去我妈妈规定之外的地方，她就会立刻喝止我。

我出生的城市有一种全国知名的早点，全体市民都在吃，我竟然长到十五岁都不曾吃过，因为我妈妈说“不卫生”。

这里面没有妈妈对孩子的爱吗？

我想，那里面也有爱，有在乎。

你知道吗？曾经很多年，我以为那里面全都是爱。

走过了一段很长的路，经过了很多强烈的自我冲突，我开始看到那里面，出于焦虑的控制，想要完美的执念。

我也明白了，在这种焦虑和执念之下，妈妈的确不能也无力做一个接纳的妈妈。

2. “我要努力做个完美的孩子”

如果是妈妈不能接纳的孩子，这个孩子会怎么样呢？

有的孩子实在是达不到妈妈的近乎完美的要求，不可避免地会迎来妈妈劈头盖脸的各种指责，甚至还有哀怨、叹息、流泪这些让孩子无法承受的戏码，于是渐渐地，这类孩子长大后就变成了那种价值感很低的人，总觉得自己不够好，不配得到爱（母亲的爱），那么无论得到多少鲜花、掌声或者肯定，他们的内心还是那个妈妈不认可、不满意的小孩。

我不知道这样看来我是不是稍微幸运一些？

我从童年开始到青少年时代，一直就极度乖巧、表现优异，从一个小孩的标准来看，我身上几乎找不到毛病。我妈妈去参加家长会那就是众人艳羡的对象。我拼了命地努力，以换取妈妈对我的肯定和接纳，我也很幸运地让她对我这个孩子还比较满意，因此我在十二岁之前，我建立了比较高的价值感，还有，我至少爱那个能够表现优异、不出错的自己。

相比那些从未得到过妈妈的满意和肯定，从未体验过表现优异带来的父母的接纳的孩子，我似乎稍显幸福。

但是这种来自妈妈的有条件的接纳，也使得我们只能接纳一部分的自己。

对一个孩子来说，她的潜意识层面会觉得不被妈妈接纳的这个东西一定非常不好，必须要远离它。

这里面有两层含义：

（1）我们和妈妈如此亲密，所以我们天然地对妈妈的一切认同，妈妈不喜欢的一定是不好的，所以我要远离我妈妈不接纳、不喜欢的那个部分。

（2）我们需要妈妈才能存活下去，她是我们在这个世界最大的依赖，如果她拒绝了我身上的某一部分，我也必须要和那个部分划清界限，要不然，整个我可能都会被妈妈拒绝，那样我就无法存活。

“背叛妈妈我将无比孤独，离开妈妈我将会毁灭”，这是一个孩子来到世间对妈妈产生的本能的强烈依恋背后伴随的恐惧。这也是心理学一再强调，好的母婴关系、接纳包容的妈妈才能让孩子发展出完整的有力量的自我的一个理论模型。

即使我拼命努力，做一个妈妈能接纳的完美孩子，避免妈妈对我产生否定的体验，但是我为此也付出了“我”的代价——在那段人格成长的时间里，我放弃了那部分想要新鲜、冒险、想要体验自由自在的“我”；放弃了想要承担一次错误，然后说没什么大不的，可以容忍自己犯错的“我”；放弃了想堂堂正正感冒咳嗽一次，哪怕就一次能不被妈妈唠叨，不用被她的焦虑折磨的“我”；放弃了我无论多么想也无法去接纳的那部分自我——因为我妈妈在我生命的一开始，就强烈地对我表示，她无法去接纳它。

为什么拥抱自我那么难？

开头的那个故事，小女孩对妈妈的爱是全心全意的，她没有评判、挑剔，没有保留，她或许是必须和奶奶在一起生活，放假才能回妈妈那里，但是她是那样的爱着妈妈，对妈妈袒露着自己的一切，把自己珍视的每一件事都和妈妈分享。在我们生命的最初，我们对妈妈的爱，就是这样的。

因为我们只有一个妈妈。因为我们对世界的感知是从妈妈开始的。

我相信每个孩子都是带着爱来到这个世界的，就如人本主义心理学的观点：每个人本来就有自我实现的本能。

我认为，这个本能的深处，就是每个人对自己的爱。

如果在生命的初始，妈妈也能回应给我们这种毫无保留的爱，接纳自己的孩子就像孩子接纳妈妈，不挑剔孩子就如同孩子不会挑剔妈妈，如果妈妈能守护住孩子那颗稚嫩透亮的心灵，我们就能让自我在这种全部的接纳之下，完整地、茁壮地成长，而不用去隔离它，否认它，背离它。

但是，很多时候故事并不是这么完美的。

有读者说，我知道要爱自己，可我不知道自己在哪里。

我有一个来访者，一直就在讨好着自己严厉的母亲，到现在稍微满足一下真实的自我，就会对严格的母亲充满内疚和焦虑，她不喜欢可能令母亲不满意的那部分自己。

而我自己，经历了多年崎岖的自我成长的路程，到现在仍然会无意识地不断鞭策自己做得更好，完成了一个目标马上会给自己定下一个更高的目标，等我觉察的时候，我才发现我好像一直都以为我妈妈还在盯着我，而我拼命努力就是因为我想对妈妈说，你看我真的很棒啊！

为什么拥抱自己那么难？

因为我们生命中不能承受之重的母婴关系，让我们从一开始就认同了妈妈的不接纳，我们也就无法接纳那个真实的自己。

“每个人都拥有两面，一面展露于世，另一面深埋于心。”

我们把被妈妈接纳的那部分自己展露于世，但是另一部分没有得到回应的自己，不被妈妈看见、接纳的自己，则深深地埋在了潜意识的深处。那里有我们的渴望和向往，还有没有得到过注视和承认的那部分自我。

找到这条自我的道路，让这条自我破土而出的道路，是充满荆棘的路。因为我们必须和我们自己作战，让惯性的阻挡的力量撤退，让那个原来不被待见的自我出来。我们必须打破旧的模式，建立新的体系。

我的很多读者曾经给我留言，说自己正在这样的路上，也有了这样的体验。

我觉得这样的人，都是勇士。

生命是我们自己的，我们都有责任去找回那部分没有被接纳的自己。

小宽的话：这篇文章里面没有提供找到自我的方法，但是我试图对你讲述一个自我不被接纳的故事，它一直就在我们遗忘的角落里，我想，这个故事或许能唤起你对那部分被埋葬的自我的觉察。当你想起它，就是新故事的开始。

和妈妈和解，我做不到

那天我妈约我喝咖啡，看着她背着包，提了一袋给我的孩子买的各种吃的，看着她在咖啡店外面找入口的时候，我突然觉得我妈真的老了。

这种感觉让我难过。

除了难过，我还被某种感觉刺痛——我想和我正在老去的妈妈亲近，我想安抚她，就像安抚任何一个在我身边出现的需要爱的人，就像对待我的朋友、伴侣、孩子或者陌生人，我想对她报以温柔的微笑，深情的注视，可是我意识到我做不到。

我真的做不到。

不知道你有没有过这样的瞬间？

当你长大了，忙碌着，和父母的矛盾也少了，也许他们再也无法对你严厉，再也无法干涉你的生活了，因为你变得如此强硬，完全不给他们靠近你的生活的机会了。然后你们在相当长的一段时间里保持着“无线电静默”，犹如这个世界里对方已经不存在一般，但是当你突然看到父母某个瞬间那苍老的容颜和身体，或者当你听到她去医院查出了什么毛病，在那个时候，你会不会有一万句话想说，可是你却说不出一句话。最后，你就是从喉咙里挤出了几个字：“我都跟你说了要注意身体！”

我对我妈妈想表达的那一万句话，是爱。

阻止我对我妈妈表达那一万句话的东西，是恨。

爱恨交织，这感觉让我难过。

我大概知道我妈妈的故事。

我妈妈是个自我价值感很低的女人。在二十世纪五十年代，这样长大的孩子很多。家里排行第三的女儿，是最容易被无视的一个。她说，她曾经被遗忘在幼儿园，家里大人都吃了晚饭，围在炉子边准备着过年要吃的炸丸子时，才想起四个孩子少了一个，那时已经晚上八点多。我的外婆，并不懂得如何当母亲，去爱小孩。在战争年代，外婆的父亲在日军轰炸中丧生，她一共有十一个兄弟姐妹，最后活下来的只有我外婆和她的大姐。后来她虽然生育了孩子，我妈妈说记忆中，外婆下班回家从来没有抱孩子坐在膝上说一会儿话的时刻，一次也没有。

于是我妈妈从小就想博得大人的注意。

她没有别的方法，只能是在家卖力干活，拿个小毛巾擦桌子、擦凳子、擦一切她能够得着的东西。

然后当外婆的同事来家里，外婆会特意和同事说："看到了吗？这都是我们家老三擦的，这孩子特别爱干净、爱劳动。"

这是我妈妈被自己的妈妈看见的瞬间。

于是这个瞬间，就贯穿了她的一生。

我妈妈在我的记忆里，一直就是一个特别喜欢搞卫生的人。

每个周末好不容易休息一天，她不会带我出去玩，无论我多么盼望，我妈妈都要在家搞大扫除。

我妈妈特别需要被人夸奖，被人肯定。

小时候这是我的疑问，我不知道我妈妈为什么那么喜欢被夸奖，后来我懂了：其实她就是一遍一遍地需要去确认，她被看见了。

她需要确认她是存在的，是被喜爱的，是好的。

她需要变得完美，她觉得越完美她越能被看见。

直到现在，我妈妈仍然是一个这样的人。直到现在，我妈妈仍然说，她就是要追求完美。

我们的人生就是这样戏剧化地被埋了伏线。

母婴关系在多大程度上决定了一个人的人格？

研究母婴关系的温尼科特说，父母对孩子做了什么不重要，重要的是父母是怎样的人格。

所以人生故事的大纲就是这么简单：母亲是怎样的人格，决定了她会创造怎样的母婴关系，也决定了这个孩子在早期形成怎样的核心人格。

对我妈妈来说，就是备受战争之苦好不容易存活下来的外婆的人格，决定了我妈妈的人格，而我妈妈的人格，决定了她会怎样作为一个母亲来对待我，当然，这也在我的人生里埋下了伏线。

心理学有一个观点是这样的，如果一个孩子在 0 ~ 18 个月处于被忽视的状态，生活中没有人特别关注他，给予他足够的呵护和注意，这种“被无视”的孩子，将来会成为一个不断追求完美、极度需要别人赞扬的人。

这个孩子长大了很可能成为那种活在别人的眼里和口中，做任何事都在想别人会不会认可和夸奖他，需要在以后的人际关系里，用无限的赞美无数次证明自己“无所不能、非常优秀”，以补偿早年缺失的共情接纳。

当然，这样的人很难活出自己，而且他们会活得很累。他们周围的人也会很累。

为什么要证明自己很优秀、无所不能？

因为婴儿非常脆弱，他靠和妈妈的联结来感受这个世界。如果妈妈能好好地及时回应他，给予她足够的关注，他饿了会有奶喝，他需要安抚会有人抱起他，这个婴儿会觉得自己是“无所不能、非常优秀”的，这就是人一开始需要建立的一种“全能”感觉。有了这种感觉，我们才能很好地去发展我们和这个世界的关系，这是我们安全感的基础，否则我们就会非常焦虑，至少在一开始，在我们的潜意识里，我们需要通过母亲对我们持续不断的回应去确信——我很好，我是世界所爱的，是被世界接纳的。因此，我是安全的，我可以安全地存在，我可以做我自己。

这就是安全感的来源。

而一个“被无视”的婴儿，无法产生这样的感觉。缺少的这一条代码，需要他们长大在所有的事情上无数次去证明，我其实是很棒的，然后我就可以被人看见，被人赞美，被人接纳。这样的孩子没有“做真实自己”的安全感，他们只能成为别人眼中优秀的人，才能感到片刻的安全。

这就是我妈妈的故事。其实这也是我的一部分故事。我妈妈的人格，在很大程度上也影响着我的人格。

“一个过分追求完美的母亲，会把孩子的‘不完美’看成是自己的不完美，这会使她产生前所未有的挫败感，这种挫败感可以直接导致她改变对孩子的态度，加强她对孩子的控制，以便使孩子更加接近她所要求的完美标准。”

不只是我，我们身边的很多人，因为那个年代，都有着这样的妈妈，也因此，我们都有着相似的童年，都有着相似的和妈妈的关系，我们心里都埋着一样的伏线。

我看过一个网友的评论，她说：如果我们憎恨父母，我们就无法真正接纳我们自己。这句话是有道理的。

我们经由父母来到这个世界，妈妈是我们生命的一部分，恨她，我们也会攻击自己。因为潜意识很清楚，我们也是妈妈的一部分，我们和妈妈交融在一起。

我们有时不让自己过得好，我们有时会把生活搞得一团糟，用自己的失败和糟糕去向妈妈示威，你看吧，都是你害的。

或者，我知道你希望我成功，我就偏不成功，我要让你失望。

如果我过得很好，那么我会离你远远的，我会对你很冷淡，谁叫你当年那样对待我。

爱恨情仇，这样才叫作交织。

但是每一种攻击、报复或者疏离，其实都让我们痛苦。

攻击了母亲，让她流泪，我们潜意识里，自己也会成为罪人。

母婴关系在我们人生中不仅埋下了伏线，它编出的剧本还特别虐心。很多时候，我们就只是这个剧本的演员，而非编剧。

学了心理学，我理解了我妈妈的故事，我也理解了我妈妈。

我也反观了自己，我也开始觉察和改变，试图停止那些日复一日潜意识的循环。

但是，这样我就能与她和解吗？

不能，我做不到。

在咖啡店门口的那一瞬间，我问自己，为什么我无法对妈妈表达我的爱？

为什么我无法亲近她？

为什么她每次说的那些话，都会激发我很多的愤怒，以至于我不得不尽量避免和她谈及我的生活、我的心情？

我想，那是因为我对我妈妈还是有恨的。即使我懂得了所有道理，我仍然无法放下这种恨。这就是人。

而当我妈妈仍然用那种人格和我相处时，她的人格会勾起我对那些糟糕的往事的回忆，会让我重温那些不好的感受，所以我仍然会愤怒，她虽然年迈了，但是她还是那个她。这一切都没有改变。这就是人。

人，会有过不去的爱与恨，也有改变不了的人格的某些部分。

与她完全和解，我做不到。

我能做到的，只有接纳自己和这一切的真实。

如果我遇到一个人，有着和我妈妈一样的童年，如果那个人是我的朋友，我会怜惜她，我会安慰她，我甚至会拥抱她。

但是，我知道我妈妈有着这样一个童年，我却无法去拥抱我妈妈。

因为她是妈妈，我是女儿。这就是无法改变的部分。

但是有两件事是我们可以做的：

停止粉饰生活，停止勉强自己。

什么是成熟，成熟就是接受一个这样的剧本；什么是强大，强大就是在这个剧本的基础上，去改写它。

很多人的痛苦来源于——只允许恨存在，不允许爱或者自己对妈妈还有一丝柔情；只允许爱存在，不允许自己对妈妈有一点不满

和憎恨。

正是这些矛盾导致了我们的痛苦，磕磕绊绊，处处碰壁，导致了我们总是要让自己和自己争斗，我们要么攻击自己，要么攻击他人。

母婴关系不只是决定了我们最初的核心人格，如果我们一直无法接纳自己对母亲或父亲那些细微的、矛盾的、剧烈的情感，我们将在以后的人生路上也永远无法停止自我折磨。

和解，不是与父母和解，而是与对父母又爱又恨的自己和解。

试着去这样想——我爱她，我无法表达；我恨她，我也无法完全释怀，这种纠结，这种别扭，这种矛盾的心态，也许正是我和她之间的纽带。

这就是所谓的母亲和孩子。

我曾经努力地学习心理学，我曾经努力地想要去和解，变得更为成熟豁达，但是我没有做到。

如果你也有过这样的尝试，我想对你说，不要勉强自己去和解了。

爱和恨共存，就是生命本来的状态。

我们爱她，我们也恨她；我们恨了她，不等于我们就不爱她。

当你对父母恶言相向时，难道你没有深深地恨过自己吗?

当你发现自己没法听完妈妈一整句唠叨就要发火时，难道你没有恨过自己吗?

当你在外面闯荡，离开家庭两三年，过年都懒得回家，就寄钱回去，妈妈的电话也不想接时，难道你没有恨过自己吗？

你逃避着与她亲近的痛苦，可是你依然痛苦。

你想用自己的方式去惩罚那个没有好好对待你的她，可是你也一直在心灵深处惩罚着你自己。你没有放过她，你也没有放过自己。

不是吗？

你觉得，你不能遗忘当年母亲是怎样对待你的，你以为你记住那些糟糕的时光是为了自己要勇往直前把过去抛在脑后；可是你一天也不曾忘记那些糟糕的时光，其实是因为那些时光虽然糟糕，却是你作为一个孩子，妈妈给你的全部，你不敢忘。

你爱妈妈。

无论她曾经怎样地无视你、伤害你、刺痛你，你仍然爱她。在你的本能里，在你的潜意识里，那份爱一直都在。

不知道如何表达爱，就不要表达，允许爱存在。不用觉得羞耻。

不知道如何放下恨，就不要放下，允许恨存在。不用觉得自责。

这就是和解，与自己的和解。

和解了之后，你不会在潜意识里对自己又爱又恨，不会对自己想接纳又不敢接纳。你不用再花力气和自己抗争，不用再做很多事情去掩盖你的爱与恨，你的能量得到了解放，可以去做其他更有意义的事情。

我们的人格，在很早的时候被注定，只是故事的前半段，我们还可以选择怎么书写我们的后半段。

允许自己对父母的爱与恨同时存在，这种接纳，可以帮助你与自己和解。

接纳自己的哀伤，放弃那些“原本该如何”的幻想。

当我看到妈妈的衰老，我会难过，那么就接纳这种难过；我给她买了一杯咖啡，她很开心，下一分钟她就会对我生活里所有的事情开始指手画脚，然后我觉察到了自己的愤怒，于是我就接纳我的愤怒——最关键的是，接受自己有一个这样的妈妈的事实。

只有接纳了愤怒，你才能不再愤怒。

只有允许了憎恨，你才能不再憎恨。

我们在现实生活中，对伴侣、孩子、同事的很多焦躁、愤怒、不满，都是因为我们没有办法和我们内心的爱、恨和谐相处，我们无法与现实的自己和解，我们无法接受我们对父母极为矛盾的情感，所以我们才会感觉到有时整个世界都在与我们为敌。

接受自己的真实，接受自己有一个这样的妈妈，别再挣扎。

这就是成熟。

我们每个人都有黑暗和创伤。潜意识的黑暗如同汪洋大海。在人心里，黑暗和光明是并存的。

我们和父母之间，爱与恨也是并存的。

这很正常，这就是生命本来的面目。

愿我们都能看见它，接纳它。

第三章　你也可以骄傲而勇敢地活着

什么样的人生，都好过逃避的人生

今天，和朋友有一段这样的对话。

说起一个我们共同认识的人，三十五岁之前的人生磨难一个接着一个，三十五岁之后，终于过上了安稳幸福的日子。

于是我说："如果可以选择，我愿意选择前半生不好，后半生好，前半生多吃点苦，后半生渐入佳境。"

朋友接着说："这还需要选择吗？谁会愿意前半生好，后半生不好？不用选，谁都愿意前面吃苦，后面享福啊！"

他语气之肯定，反倒让我产生了一个疑问——真的所有的人，都会选择前面吃苦，以后享福吗？

或者根本不存在什么选择，所有人的答案真的都是一样吗？

当我把这个问题问出来，朋友觉得我问了一个很白痴的问题，可我觉得并不是。

那些善于逃避的人，搁置危机的人，总是寻找借口不去解决根本问题的人，是否知道其实自己正在做一个选择——在前面创造一个**“我的生活没有问题”的假象。**

获得暂时的安稳平静，后面可能就要面对滚雪球一般的问题、积重难返的人生、更大的代价。

很可能，他们**无意识**中选择的正是“先甜后苦”的生活，并未觉察自己此刻的逃避，会付出更多的代价，而那个问题也不会因为逃避就真的消失。

也就是说，没有觉察，很多人未必可以过上“先苦后甜”的人生。

道理是一回事，行动是另一回事；意识是一回事，潜意识是另一回事；我们以为我们想要的是一回事，真正想要的是另一回事。

很多时候，我们是面对困难或者改变，是会本能地逃避的。

心理学告诉我们，这就是**我们的防御**。

当你能看到自己的防御，认清自己的逃避，可能你才能真的看到，你正在做的事情意味着什么。

“也许我不想看到我正在做的事情意味着什么。”

“那么你至少也要建立面对未来困境的心理准备，因为你此刻选择的就是对问题的回避和搁置。”

因果规律，任何人都无法逃避。

面对因果，你有再多的侥幸、再多的幻想、再美好的愿景，也没有用。

从理智上说，恐怕大部分人都认同：如果困难在所难免，那么还是早点面对、解决，以免日后雪球越滚越大，自己面对的困境和代价也更为可怕，早难受还是比晚难受好吧。

但是现实情况中，理智起不了什么作用。

我们在此时此刻，经常活在一种强大的惯性里。

即便感觉到问题，我们可能会屏蔽、压抑、找理由。因为惯性巨大、困难太多、内心冲突很多，我们感觉到面对和解决都是很困难的，所以我们的潜意识会帮助我们逃避。

于是，实际上你所做的，往往并不是在解决问题，而是花了很多精力去说服自己：我的生活没有什么问题。

一旦有了逃避的意识，我们就会开始出现很多并不客观、脱离实际的思维偏差。

哈佛大学的心理学家大卫·帕金斯曾致力于研究如何改善人们的推理思考，他发现，一般人都采用**“先选定自己的立场，再来找支持自己立场的证据”**的思考方式。

显然，一个人如果倾向于对一类问题逃避，或者胆怯，觉得棘手，害怕面对，他的潜意识就会和意识发生很多联动，根据他已经选择的强烈的**“逃避”**立场，他的大脑会自动寻找理由，而对一些不同立场的现实、论据视而不见。

当然，如果一个人要想逃避的话，那么他也就无法再客观判断此刻的逃避真相，会带来的未来避无可避的危机。

心理学很多研究都和人的认知偏差相关，这些研究表达了一个主题思想，在我看来可以描述为——**人的大脑很复杂，但是它不是什么“高度智慧”的仪器，它很容易发生谬误，并且极度缺乏纠错功能。**

所以，我们总是谈论觉察和真正的思考。

我们需要花很大的力气，才能真的走出我们自己制造的迷雾，才能扫除我们成长的障碍。

“先做判断，再编造说辞。”

——《象与骑象人》

可以从这种思维模式里有觉察的人，恐怕才能过上先苦后甜的人生。

即使很多人说“自己当然希望先苦后甜”，实际上真正做到能够面对自己生活的真实，可以去思考和面对问题本身，并能克服惯性放弃“暂时的舒适”做出改善行为的人，少之又少。

这是我们要面对的事实。

假如你能面对这个事实，那么至少你不会一直犯认知偏差的错误，至少你会知道今日的逃避或者刻意的回避会带来什么，到最后当因果累积的结果摆到你面前时，你不会无法承受、措手不及。

比如，一个人选择了**不合适的伴侣**，她也清楚这个人和自己有很多地方不合适，各方面不协调，甚至价值观都不吻合，但是离婚实际上对她来说是一想到就觉得可怕的一件事，因为离婚让她感受到自我价值的否定、可怕的失败感，还有外界的评价，这些让她本能地逃避。

那么大脑会支持她逃避的立场，构建一个坚固的理论系统，找出各种理由支持她的婚姻，支持她继续留在婚姻里，同时屏蔽这段糟糕婚姻的一切不好的实质和所有后果。

于是，她觉得“其实这个男人还不错”，“我可能再也找不到合适的人了，和谁都是一样的”，“孩子不能生活在单亲家庭里，那是可怕的”，“我只配得到这样的婚姻，就这样吧”。

但是，其实一切的理由，源于背后她对于离婚的恐惧。

这种恐惧和自我有关。

如果可以面对，可以看到恐惧，那么就可以着手去改变自己，强大自己，改善对于自我、他人、关系的认知。

回报是，无论是否离婚，她都更成长和强大，或许可以因此和“不合适”的对方变得合适，也可能有力量结束关系，重新开始。

但是如果一直出于害怕或者困难而回避，大脑一直制造各种充满偏差的理由帮助自己逃避，那么这段婚姻持续的后果，可能是关系更为糟糕，自己在无望的生活中丧失所有的希望和生命力，或者不断受到对方的伤害、冷漠或者情感、身体的背叛等糟糕关系可能导致的一切后果。

如果我们就是小婴儿，那么我们可能就会呈现出一个这样的状

态：**我说它是好的，就是好的！我不想知道那么多！**

婴儿是任性的，幻想的，全能自恋的。

但我们长大了，不是婴儿，也不可能活在婴儿那样单纯的世界里。

一段坏的关系，你假装看不见，它还是会导致一个更坏的结果。

一个糟糕的选择，你假装看不见，它还是会导致一个糟糕的结果。

一个失败，你不愿意承认、总结、补救、改正，那么这个失败往下延伸，会导致更多的失败。

逃是逃不掉的。

有人说，可是我真的害怕，我真的无法面对，真相就像一个深渊，我承受不了挫败感，我价值感太低，我在意别人的评价和认同。

是的，我们都是脆弱的，都有畏惧，所以才要成长，所以内心成长是人一生最重要的事业。

通过学习、思考、心理咨询、在实践中不断尝试，我们才可以用一切方法去让自己变得更愿意看到真相，变得渐渐不那么恐惧，变得渐渐强大，变得可以接纳自己的问题和生活的真实现状，然后**做出选择**。

这样的路，才是通往更好的未来的道路。

如果你能一生安住在自己的谎言里，无人打破，也是一种幸福。

如果不能呢？

走出心理舒适圈，你敢不敢？

1. 已知再痛苦，也超不过对未知的恐惧

未知总是令我们恐惧，很多人终其一生，都走不出自己的心理舒适圈。

每个人都有自己习惯的一种心理模式。它来源于早年，原生家庭、母婴关系、妈妈如何对待你、爸爸如何对待你，然后内化在你的潜意识里。你慢慢长大，这个内化的固定的核心人格，被你无意识地投射到你和所有人的关系中，让你生活的一切都和它扯上关系。你的爱恨情仇，你的痛苦煎熬，都和它相关。尽管它给你带来了很多痛苦，但它就是你。

心理舒适圈，是个概念。不要被“舒适”两个字骗了。你的核心人格带着你早年的很多创伤塑造了现在的你，你的生活，你的世界。你和它共处，你觉得你有很多烦恼，可是你总是无力解决，你想选择，可是任何一种选择似乎都会带来更大的痛苦，你并不舒适——你停步不前，原地打转，你想找路但是找不到路。舒适，其实用“习惯”来理解会更好。因为走出心理舒适圈，走出那个熟悉的模式，离开了和你紧密相依的习惯，是你无比畏惧的。谁都害怕未知。这种害怕强大到我们往往难以与之抗衡，除非你被巨大的外力推向另一条跑道，连思考的机会都没有，不然你宁愿常年与痛苦相伴，甚至生活在永远没有阳光的阴霾之中，而不能离开。

因为已知再痛苦，也是可控的。

说一个真实的故事。

一位四十岁的女人对我说，上个星期她签了离婚协议，突然有一种如释重负的感觉，连呼吸都顺畅了。

她和老公曾经非常相爱，一起开酒吧、开餐厅，结婚生子后，两个人的身份改变，老公的父母来同住。过于传统而溺爱儿子的公婆和她爆发了很多冲突，老公的性格缺陷也渐渐暴露，更重要的是，她和老公争吵了无数次，每次都像狂风暴雨一般。她曾经有一次在自己家开的酒吧里喝醉，把一把叉子捅进了老公的后背。就这样，他们在一起生活了十几年，直到儿子满十一岁。

我问她，你们这样有多久了？她说，儿子出生没多久我们就大闹过几次。四年多前，我前夫也有别的女人了。我们四年来住在不同的房间，我们从不一起带小孩出去玩，我们在家几乎不说话，说话都是发微信。

我说，为什么之前一直不离呢？她说，我觉得孩子可怜。还有，我不想便宜他，我要拖着他。然后她自己笑了："现在才觉得自己挺傻的，签了协议后我觉得我终于可以开始新生活了。"

我说，为什么之前一直不签，现在就突然离了呢？她说，我是一个很懒的人，走不出那一步。过年时我老公突然好像想通了，拼命找我谈，很坚决地要离，所以我就签字了。我需要外力，需要有人推我一下。

我看得出这几年糟糕的婚姻给她留下的痛苦的后遗症，她烟瘾大，睡眠问题严重，吃减肥药但总是忽胖忽瘦，她的眼神黯淡，在家一个人喝酒能喝到晕倒在厕所。她说儿子最后跟着爷爷奶奶和前夫生活，因为最近几年她生活太不规律，她的状态让她没有能力好好地照顾孩子。

如果你看到这里，只会为她扼腕说，好可怜，付出青春，却遇到一个辜负她的男人。那么请很耐心看下去。

我们每个人的问题根源都在自己这里，我们的内心吸引了我们潜意识想要的人，我们要的生活。无论它是好是坏，都是我们要的。要想改变人生，我们应该做的是，改变我们自己。看自己，向内看。

为什么如此痛苦的婚姻却不结束，和丈夫在同一个家却不说话，互相之间有事发微信，两人几年来从不一起带着孩子出游，这样的完整家庭对孩子的伤害能不大吗？为何却说“觉得孩子可怜”是不离婚的理由？

不离婚的第二个理由是，我不能便宜他，我要耗着他。你是多有报复欲的一个人？拿自己的全部幸福去让一个给予你痛苦的人难受，而且这种难受对于那个人来说，程度足够让痛苦的你满意、平衡吗？

这两个理由，都是我们意识层面的合理化理由，一戳即破。真正的原因是，我们熟悉的潜意识运作机制，是那个核心人格制造的生活场景，即使生活滑向更糟的境地，也正好迎合了我们内心深处的创伤模式，迎合了我们的潜意识预期——是的，生活本来就是痛苦的，我总是要被抛弃的，我是不被爱的——早年的创伤不断在这里发酵。而且已经发生的事情是我们知道的，接下来的日子，也是我们可以预见的，反正就是糟糕的婚姻，不理睬我们的丈夫，但是这一切都不会让我们有失控感，如果走向未知，失控感会让我们不适。

她待在痛苦之中，习惯、接受，这就是她的心理舒适圈。一方面，已经熟悉的生活让她畏惧改变后的未知；另一方面，自己固定的带有创伤的核心人格在运转，如果没有自我的觉察，或者巨大的外力，这个圈会让她一直停留在痛苦之中。

她很幸运，丈夫“想通了”，坚决要结束这个状态。于是，她“被迫”签署了离婚协议，可以开始新生活。那一刻，她觉得自己解脱了，脱离了带给她伤害，最后让她心灰意冷的丈夫，脱离了让她由衷接受不了的婆婆。她现在能精神饱满地见自己的儿子，她说，我现在觉得好开心，我可以重新开始了。

既然丈夫坚决要离婚被她自己描述为“丈夫想通了”，也就是说，她其实内心深处也是认可丈夫的这个决定甚至一直在等待着这个决定，那为什么她自己不能去主动“想通”，不能主动结束婚姻。用她自己的话说就是“我需要外力，需要有人推我一把”。

有更多的人，没有碰到这样的外力。他们就是等。无论是婚姻还是什么，他们在痛苦中打转，每一个似乎都在寻求着突破的方法，寻求着改变他人和周围的环境，但是实际上他们其实一步也不肯走出自己的心理舒适圈。自己的人生，为什么要这么被动？

因为我们依恋熟悉的一切，哪怕它是痛苦的。这就是人。

离开舒适圈我们也死不了

关系是怎么开始的？从我们刚出生的时候，我们就和妈妈建立了第一个关系，而这个时期的关系也就贯穿了我们的一生。妈妈有时对我们的态度和回应没有那么恰当，或者给我们带来了痛苦，但是我们不会因此就不理妈妈。我们还是希望被妈妈爱，被她看见，被她拥抱，如果不能，哪怕被她嫌弃，被她怨恨，被她折磨，我们也不愿意失去母亲。因为对于婴儿来说，失去母亲就意味着死亡。这是关系的最初，也就是说，即使再糟糕的关系，也比没有关系要好。切断这个关系，会带给我们巨大的恐惧，几乎等同于死亡。我们把这个母婴关系投射到我们挚爱的伴侣身上，即使我们发现伴侣有问题，我们不合适，这个关系已经带给我们巨大的痛苦，要我们主动切断这个关系也很困难。

我们带着内化的母婴关系形成的核心人格，建立我们的生活，这个生活里的一切主要构件，也是我们的心理舒适圈。即使是痛苦，这痛苦，你也有一种驾轻就熟的状态，你知道痛苦的程度多大，痛苦时你的感受是怎样，你和这种痛苦是如此的熟悉。结束痛苦，需要改变，我们前方有终点，那是改变带来的光明，可是有时通向光明的那条路很长，而且是漆黑的。你害怕，害怕看向那个未知。虽然经过无数分析、推测，你也大概知道你的转变会带来什么，但是你会找各种理由阻止自己上路。你的理由是，上路了有各种失败的可能让你跌入比现在更糟糕的局面。但其实是你害怕离开你熟悉的境遇，你熟悉的模式，你会觉得不安全、焦虑、恐惧。所以即使痛苦难熬，你也慢慢习惯着，到最后，你彻底和你不满意的境遇融为一体，和你一直没有成长的人格，永远地待在一起。

如果我们的亲密关系给我们带来了痛苦，但是我们却没有勇气走出去，那是完全可以被理解的，因为你还是那个婴儿，你觉得这个关系就是当年你和妈妈的关系。她是你的整个世界，切断或者冒犯她，你就会死亡。因此你无法行动一步。

但是，如果你愿意让自己成长，一切都会不同。如果你的内心长大了一些，那么你投射在伴侣身上的就不是婴儿状态的你。那么你就可以为自己做出决定，你可以自己独立思考，你可以自己做出选择，最重要的是，长大了一些的你很清楚地知道——离开了妈妈你也不会死亡，你可以好好活着。

很多文章中也说过，改变自己带来的不适感，是成长的必然。但不能因为不舒服的感觉就一直逃避成长。

为什么我一定要成长，一定要跳出自己的心理舒适圈呢？

因为长大一点点，你就会自由。

很多人拒绝成长，是因为拒绝体验走出心理舒适圈带来的难受的感觉。但是如果就这样一直以婴儿心理生活到老，你真的会错过非常精彩的人生，一点也不划算。

3. 你离长大，其实只有一步

很多人面对人生的难题，觉得跨出那一步很难。因为做出了这个选择，就要迎向未知，我们总是担忧自己在未知中会被湮灭，化为灰烬。有时候我们闭上眼体验一下失去某个人，某个位置，某种生活的未知，就是这种恐惧的感觉。我们宁可备受折磨，日复一日失去生活的信念和盼望，我们也不愿意去赌一把。赌那个黑暗的尽头是光明，而不是万劫不复。

是的，这种感觉是很可怕的。心理学精神分析，早就论证了这一点。

可是，很多走过来的人，告诉还没有走的人，那个未知没有那么可怕。拥抱黑暗，黑暗就会变成光明，这就是反转。

如果你克服了这种恐惧，你就会长大。长大会带来巨大的好处。

如果你现在所处的人生是 1.0 版本，那么长大后你的人生会迎来 2.0 版本。

我们的人生，虽然被设定了很多“人”这个物种的缺陷，但是我们也被赋予了一些神奇的力量。

佛说，放下屠刀，立地成佛。这句话用在这里也很好——放下屠刀，只是一念之间，一念之间你彻底改变，也就立地成佛了。

一念，是有着很强大的力量的。走出改变自己的一步，走出心理舒适圈的一步，走出离开这个关系的一步，具有同样强大的力量。未知，并不可怕，恰恰相反，它蕴含了巨大的能量。

尽管害怕，但是你闭上眼，屏住呼吸，沉入水里，放松，然后你发现自己真的浮了起来，你的头可以抬出水面呼吸，虽然只有那么两三秒钟，但是你体验到了在水中浮起来的感觉，于是你想，原来水没有那么可怕，看来再学几次我就可以学会游泳了。

你真的可以做到。

4. 后记

写这篇文章之前，我和一个知己 M 讨论了两句。

我：“你觉得写这样的文章有用吗？改变自己特别困难。有的人一辈子就是这样，真的。”

M：“有多难？”

我：“你想啊，一个人的核心人格怎么改变，怎么成长？自我觉醒是特别难的，强大的外力是个可能，新生命的诞生也是一种可能，但是这种机会好像也不多，所以这种文章就算看了，对一个人真的有什么用吗？”

M：“有啊！如果他人生的某一刻做好了准备，契机也出现了，这个观念就会给他带来影响，那个时候他就可以做到了。”

嗯，我想了想。是的。

它就像一颗小种子，如果你读了这篇文章，那么这颗小种子也会悄悄地埋在你的心里。

如果你有长大的想法，有走出舒适圈的渴望，你会给它施肥、浇水，这一切都会在你的无意识中进行。因为我们的潜意识里不只有创伤，也蕴含着自我成长的巨大能量和愿望。

如果有一天你做好了准备，你会，甚至会不自觉地没有思考地走出成长的一大步。回头看，你会发现自己长大了。那一刻，你不需要问任何心理咨询师，你自己会有明确的体会——我长大了，我跨越了，我自由了。在那个时候，也许你会回忆起很多你看过的文章，其中也许会有今天读到的这篇文章。

人生最大的悲剧不是“做错选择”，而是“不做选择”

有没有人做一个选择花了一生的时间？

有，而且很多。

曾经看过一句话，很认同——**人生中最坏的事，是和让自己倍感孤独的人一起终老**（电影《世界上最伟大的父亲》）。

这句话看起来是一句有关爱情的话语，但其实它是在说选择。

人生的选择就是这样。不同的选择，会带来不同的人生。

我好朋友的婆婆已七十岁，最近十年都是在和媳妇抱怨自己的丈夫，哭诉自己“无数次忍无可忍”的几十年的婚姻生活。

她用了一辈子来思考关于婚姻的选择。

如果此刻就问尚未衰老的你，你也许会说，不，我绝对不会像那些人一样，到了生命最后的阶段才后悔之前没有做出果断的人生选择。

那太好了，记住你此刻的决心吧——因为有时我们长久处于不敢做选择的煎熬下，在“这一切都不是我要的”现实冲突里，内心的防御机制和适应系统会发挥作用，然后我们会逐渐忘记真正的自己，逐渐适应这种冲突——逐渐在温水里煮死那颗曾经活蹦乱跳的心。

是选择让我们感觉到自己在活着

很多文章告诉大家一个深刻其实又简单的道理——**世间本无对错，也没有绝对好坏，其实选择 A 还是 B 都没有什么关系。**别那么畏惧选择的结果，执着于选择的完美。

道理都明白，我们却做不到。

大多数面临选择感到迷茫、纠结或者痛苦煎熬的人，都是遇到了人生路上无法绕开的事。要么改变，要么顺应，要么 A，要么 B。

而且明知不可能，大多数人还是想，如果要做选择的话，就应该做出没有任何负面结果、完美的选择。这种认知恐怕很难通过读几篇文章就扭转，执着于好，害怕犯错，是人的通病。

我们换一个思路吧。

我先提一个问题，面对艰难的选择你会是哪一种态度——花很长的时间去思考、掂量、纠结，而错过你可以做出选择的时机或者一直不选择以免选到烂牌？还是在一种真正的思考之后（设定最长期限），做出你郑重的选择，执行并且承担选择的结果？

看起来，大部分人都会选第二种方法。但实际上，有很多人面对选择是用的第一种态度——在纠结如何选择和逃避自己做出选择中活着。

存在主义哲学有这样一句著名的话：我选择，我承担，我自由。

我觉得这是哲学智慧浓缩的体现。

如果用第二种方法，即一定会做出选择，那么无论选择 A 还是 B，只要做出了选择，你就必须承担由此带来的结果。

可是很多人其实并不愿意承担结果：因为害怕承担选择的结果中负面的部分，不想承担因选择带来的痛苦、压力或者代价，担心自己犯错，担心自己的选择导致坏结果，所以就迟迟——长久地几年或者十几年、几十年地，不做出选择。

那么根据存在主义的这句话，愿意承担结果而做出了选择的人，可以活得自由，即使这个结果里面有不好的部分。

但本身就没有选择是绝对完美的，这又是一个哲学智慧。

既然没有完美，那么承担结果，做出选择，获得自由，当然是面对选择的最佳态度。

而害怕承担结果，妄想有完美的结局，害怕犯错，不愿意由自己主动来做出重大选择的人，当然就失去了这种自由。

这种自由，就是拥有自己的生命的自由，也是一个人的生命能量得以流动的自由。

这种害怕选择的人，其实是不愿意负起对自己的生命的责任。

人生这个游戏其实很公平。

不愿意对自己的生命负起责任，不愿意做出自己的选择，因而就会失去自由。因为他只能活在他人造成的局面和他人的选择里，让渡了自己的权利。

这样的人很多，而且从表面看，可能他们中的很多人还会对你说，我过得不错。因为长久没有尝到自由的滋味的人，长久放弃为自己做出选择的人，会遗忘内心和自由、自我相关的体验，到那个时候，他也就不会觉得特别难受了。

2. 人生最坏的事，是和让自己倍感孤独的人一起终老

人生最后悔的事情恐怕是，你本来可以不这样活着，本来如果鼓起勇气经由一个选择就能改写人生，但是你没有。

在每个人都只有一次机会的游戏里，你浪费了你的机会。

选择就是很难怎么办？我举个特别点的例子。

我小时候常和表妹在暑假里追各种港台言情剧，里面的女主角和男主角有关选择的故事看得我俩百爪挠心。

男主角总是心有所属，但是因为恩情还有家族利益或者阴差阳错，娶了另外一个女孩。然后故事才开始。

大家都落不着好的三角恋，每个人都过得很凄惨：女主角无数次想告诉男主角的妻子，自己才是他真正的恋人，然而并没有；男主角无数次想带着女主角离开，然而并没有；被老公冷落、郁郁寡欢、蒙在鼓里的太太后来知道了，也犹豫要不要离开，但总因为这样那样的“不得已”没走。最让我生气的是——大家就这样纠结来纠结去、伤害来伤害去，没有人过了几天好日子，然后男主角、女主角、女配角，就都老了。

这些言情剧渲染的男女主角甚至女配角的情操都是那么高尚，但是在小孩子看来，如果没有人真的得到了好结果，那这种高尚有什么意义？我当时年幼，看这样的电视剧，真的很不能理解，为什么他们会这样。

但是现在，我理解了。其实男女主角都不想做出选择，所以他们要躲在“高尚情操”这个借口的后面，躲在“我要考虑别人的想法”后面。

至于这种高尚情操是否真的能为他人，能为你在乎的、想保护的人带来幸福，他们并没有去认真询问过、思考过。

所以，这其实是个内心的幌子。

我不是说牺牲自我去为他人谋幸福这不高尚。我说的是，很多人不是真的在为他人谋幸福，而是躲在了为他人考虑的后面，不敢自己去选择，不敢承担自己的生命。

很多时候，我们做不出选择，就会与此同时列举无数的理由。但是如果你勇敢一点，不是说要一次性勇敢到做出选择，而是先勇敢地去验证一下你那些理由是否是真实存在的，我想通过这种思索，你会有所不同。

哈佛大学的心理学家大卫·帕金斯，曾经研究人们思考推理的过程，他说“一般人们都是采用先选定自己的立场，再来找支持自己立场的证据的思考方式”。

所以，生活中有很多总是在抱怨一种环境、纠结选 A 还是选 B，又总是表现出自己非常为难，没法选择，只能置之不理的人，他一定不会说，“我是很软弱”，他会说，“我现在还不能选”，是因为——后面是一长串不得已的理由。而且这种理由还往往颇为“高尚”，这个理由中肯定有他人。

做不出选择的人，其实早已选定了自己的立场。那就是我将自由放在别人手上，因为我不想对自己负起责任。

从心理学的角度来看，做不出选择，习惯将自由放在别人手上的人可能呈现出以下人格特征的一部分：

（1）因为童年时父母很追求完美且严厉，导致无法承受犯错的可能。

（2）很缺乏自我意识。

（3）内疚或者羞耻感是一种经常浮现的情绪，特别容易被他人控制和道德绑架。

（4）不爱自己，不接纳自己，觉得自己不配得到自由支配的生活。

当然，基于人性的软弱，无论是什么人格，都可能会面对艰难的望而却步、束手无策。

别把能量消耗在内心的冲突中

心理学认为，人们的痛苦往往来源于内心的冲突。内心的冲突在什么时候最为强烈？其实就是选择的时候，有选择对象的时候，需要做出选择的时候。

选 A，会有一个好的结果，但是不选 B 会有一个不好的后果；选 B，会有一个好的结果，但是不选 A 会有一个不好的后果；我只想要 A 好的部分，不想要由此引发的不好的结果；我也只想要 B 好的部分，不想要由此引发的不好的结果，那么我选A还是选B呢？

在心理学上，这种选择的两难状态，叫作双重趋避冲突。

它是心理冲突的一种。举个例子让它看起来更清楚。

一个女孩想和男友结婚，但是父母反对，希望她能出国念书，发展条件更好的男友——如果执意和男友结婚，父母会不开心，得到一好一坏两个后果；如果听从父母，男友只能分手，父母开心了，自己不乐意，还是一好一坏两个结果。女孩内心很冲突，找不到答案，这就是双重趋避冲突。

这个女孩一直在无法选择，不知道怎么办的迷茫中生活、纠结、难受，在这种找不到方向的内心状态下，她一直无法以积极的态度来规划自己的未来和生活，她和男友的恋情看不到未来，产生了越来越多的问题和伤害，她对父母也有了越来越多潜在的怨恨，对父母的感情别扭而矛盾——她慢慢变成了很多时候都在哀怨生活的负能量爆棚的人，对爱情、对亲情、对未来都觉得没什么希望，对人生感到灰暗。

做一个选择，跟随而来的一定有这个选择带来的结果，但是这个结果不是最重要的。它不是最重要的并不是因为我们不在意结果的好坏对错，而是无论这个结果多么不好，它的坏处也小于我们不选择的坏处。

因为选择是在结束一种你一直犹豫、煎熬、看不到希望、没有努力方向的状态。从这个角度来看待选择，你就会明白，结果不是你要考虑的最重要的东西，而是无论什么结果，长期不做选择，将自己置于内心冲突中，或者让自己一直逃避、麻木，才是糟糕的。你会失去目标、失去生命的能量。

就像那个姑娘，不选择是有后果的。只是你总是在选 A、B 的内心冲突下，你可能看不到没有做出明确选择下的自己，其实各方面都在受到影响和伤害。

温水煮青蛙，煮的时候，因为青蛙逐渐适应着温度，所以并不觉得热。

面临绕不开的选择和内心冲突而无法下定决心做出选择的人，就像在锅里的青蛙一样，渐渐地，也会遗忘什么是广阔的天地和适宜的温度，在糟糕的状态下，接受别人对自己的选择，炼成一颗认命的心，然后说一句“人生也就那么回事”。

青蛙的结局是不知不觉地死了。不选择的人，无论是结局还是过程，恐怕都会比青蛙痛苦得多。

很多人开始几年对自己的生活状态还会纠结怎么选，之后确实不纠结了，就是适应了，意识上认命了。但是这样的人，由于潜意识中“本我”长期被压抑，即使意识上不会直接感受到强烈的冲突，被压抑的本我、情绪还是没法彻底沉默，它一定会让你体会到因果。

要么变成心理问题，比如没来由的抑郁、焦虑，或者以躯体症状体现为疾病。

人活得再麻木，也欺骗不了自己的灵魂。

何况，你在没有选择的时候，对于A或B不好的后果的推测，都仅仅是一种推测：就像刚才故事中的女孩，她不做出选择，她就不知道她的父母和男友在选择之后会做出什么样的反应。也许所有他人的反应，都会和你在内心评估的时候不一样。

因为你只能决定自己，你永远无法推测他人。

我们连自己的明天，连明天的自己都无法预料会怎样，我们又怎么能基于今天就那么肯定地说，这个选择之后别人的反应会如何？

我们无法准确地预测任何选择和我们的人生带来的改变，也无法预测它对他人的人生最终是怎样的影响。没有人能就尚未发生之事带来准确的预言。

真正愚蠢的人不是做了不好的选择，而是不选择。把时间和能量都浪费在纠结、煎熬、冲突和逃避中，最后把生命的阳光都耗成阴影。

4. 结语

如果你觉得选择很艰难，让自己保持清醒——生活不是不给你选择，而是你只想要一个只有好的部分、没有不好的部分的选择，所以你接受不了、承担不了、做不了任何选择。如果你害怕犯错，把不选择当作选择，那是你的软弱，也仍然是你的决定，这个决定导致的一切后果，仍然是你承担的，不是生活和世界或者他人的问题。

不要一直活在内心冲突中，或者一触即破的平静里。

人生由无数个选择构成，决定你的人生的，从来不是选择的结果，而是你是谁。

很多人做选择花了一生的时间，耗费掉一生也没有为自己做出过一个真正的选择。我希望那些人中，没有你。

愿你在煎熬之中，总能做出选择。

想改变自己的人，大多死在这三条上

“人们每天起床后都会做一件事。他们会告诉自己总有一天要改变自己的生活，可没人付诸行动。”

——电影《城中大盗》

一个人究竟能不能改变自己？

我的答案是：**能，只要付诸行动就好。**

来找我的来访者，有几位在第一次咨询时，就问了我同一个问题，样子都是一样的迫切、担忧，他们问我：“人格还能改变吗？我还能改变吗？”

我想，不只是要在心理咨询中寻求改变的来访者，很多人，当处于不满意的生活现状、面对不满意的自己时，首先想到的都是："我一定要改变！"而几乎与此同时，大家内心也会涌现担忧和怀疑："我可以改变自己吗？"

很多人想改变而不能，想行动做不到，总是患得患失、瞻前顾后、困难重重。

这种困难当然是存在的：一个人有想改变自己和生活的想法，到付诸行动之间，的确隔着一段距离。**这段距离就是——自己。阻止我们改变的最大敌人，正是我们自己。**如果逾越不了自己内心的这三关，就谈不上"真正的改变"。

害怕改变后的自己，不被他人接纳

想变，从来都是一种很个人的、很本能的自我想法。你周围的人是否欢迎或者接受你的改变呢？不一定。如果说，你的改变动了别人的奶酪，你也就不得不站在那个人的对立面。

"我是家中的姐姐，我想改变的是，我不想再为我那个不上进的弟弟买单了，可是这么多年，我父母一直觉得我就应该照顾他。我觉得很为难，真的很想改变这种模式了，是不是我必须要和父母划清界限？"

“我是做销售的，做得不错，收入也可以。领导很器重我，打算调我去分公司做负责人了。按理说，我应该高兴，应该继续努力，珍惜发展的机会，可是我一天到晚要对着那些客户假笑、一天到晚出差，想到这些我就要吐了，每天挣扎很久才能从床上爬起来，睡眠也不好。我觉得人生没有希望了，可是我不知道我该干什么，我能辜负特别看好我的领导还有摆在面前的机会吗？”

对于想做出改变的姐姐来说，如果一旦不再无条件地给不长进的弟弟买单，那么一贯在这个位置的她，恐怕很难得到父母的理解和接纳。

“即使你们不理解我，觉得我是个坏女儿、坏姐姐，我也要坚持我的想法。”——没有这样的觉悟，要改变是不可能的。

不想做销售的人，却在销售的岗位干得很突出，而得到领导的赏识和栽培，这在别人看来是很幸运的事情，恐怕家人也是这样认为的，但是只有自己知道，我是一个怎样的人，我是否真的喜欢这份工作。

调去分公司做负责人这样的机会，或许对一百个人的里面的九十个来说，都是好消息，但是它不会对所有人都是好消息，你就是少数或者个别，不喜欢销售却可以把这件事做得好的人，那么你是否能选择另一种人生，拒绝这个机会？

“即使领导觉得我不识抬举、父母觉得我不可思议，即使得不

到别人的支持和理解，我也要坚持表达我其实一点也不喜欢做销售的真实想法，这个世界还有其他适合我的工作。”——如果没有这样的觉悟，要改变也是不可能的。

一方面想要改变自己，做出新的选择，对自己的生活进行调整，以新面貌或者一直被隐藏的真实自我示人；但另一方面又害怕改变后的自己，做出了新选择的自己，表明了真实想法的自己——会被别人拒绝、得不到接纳、得不到理解，于是久久无法下定改变的决心。

一个人想要自我改变的同时，一定要自己周围的世界保持原样是不可能的。

你变了，你的世界也会随之改变。曾经喜欢你的人，或许会不再喜欢你，曾经属于你的机会，或许会消失，但曾经不喜欢你的人或许会因为你的改变而喜欢你，曾经不属于你的机会，或许因为你的改变而成了你的机会。

我们的旧世界会破碎，这样才能形成一个新的世界。所以改变一定会伴随部分的不接纳、不理解，离开和断裂。认清这个真相，才有可能克服你给自己制造的无法消除的畏惧。

2. 离不开惯性的旧模式，又害怕改变后的不适感

有的时候，我们对自己说，我一定不要现在的生活，我一定要

改变自己！发出这样的宣言后，我们又躺回原地蒙蔽双眼，继续过着那个自己号称一定要“抛弃”的旧生活。

为什么会这样？因为**“旧生活”里面有我们的安全感**，虽然生活不那么好，可是它充满了熟悉的气息，让我们感到安全。在这种滚动了几十年的惯性里，想要做出改变，的确需要你有主动的觉察，并且要拿出力量和勇气。

有的人发觉自己几十年，从小时候到现在三十多岁了，都是活在父母的指责里，所以自己的价值感很低，做什么都喜欢和别人比，想要得到他人的赞许，所以无法表露自己的真实意愿，为自己而活。

心里叫着：“我想要改变这样的自己。”但是实施困难，其中有相当一部分原因恰恰来自，**你的自我有一部分“舍不得”离开那个“讨好父母的你”**。考完试背着书包拿着一百分的考卷大汗淋漓地跑回家，只为看到父亲或者母亲赞许地点一下头，回报一个笑意的那个童年的你，你舍不得放下他。

活在潜意识形成的模式里，活在那样的一种惯性里，虽然有缺失，有创伤，却是你习惯了的，属于你的，一种有安全感的生活。

糟糕的婚姻也是如此。有的人很不喜欢在婚姻里已经没有底线的自己，想要改变早已变了味的婚姻，做出一个最终的决定，可是一拖就是十年，还要拿小孩当作自己无法改变的挡箭牌。

其实，“我”这个词里面，对于伤痛或者创伤，也会有惯性的眷恋。

因为你熟悉了这种伤痛、屈辱和创伤的体验，即使你改变的心愿即刻得到满足，给你换成一个新的世界，你的本能里还是有恐惧。

也就是说，过去的生活里，虽然有很多不好的地方，不好的感受，但是这些不好也会汇聚成一种熟悉的味道和模式，给予你某种安全感，增强你照旧下去的惯性，让你产生一种你或许察觉不到的想法：**“旧的、熟悉的即便不好，也好过新的、未知的世界。”**

这种想法在你的潜意识里不断循环，并发挥作用。所以你的一部分自我想要改变，改变令人不满意的生活，停止那些不好的体验和创伤的重复，但你的另一部分自我，却一直在说“不要改变，一切照旧才是最好、最安全的”。

所以要察觉那一部分的自己，不要觉得那个自己太软弱、太不勇敢，就逃避他、掩盖他。

我的一个来访者，结束了二十年的婚姻后，找到我咨询。

她说：“我离婚的时候很干脆，是我主动提的，可是我觉得我很难适应现在的生活，当我最近每天一个人回到家，那个时候我就很茫然，也很孤独。我甚至怀疑我的改变和决定是不是错了。”

我们进行了几次咨询，一个多月后的她走过了那个“改变不适期”的阶段，判若两人，焕然一新。

心理咨询当然发挥了作用，但是人都有走过“改变不适期”的本能力量。如果遇到了挑战，这种自我强大的力量会被激发出来。

走出旧的、熟悉的生活模式或者思维模式，我们因为停止了惯性的生活、离开了有安全感的环境，肯定会有不适感、痛苦感，这绝对会是一段难熬的时期，但不代表你没有力量走过去。

人的意识是很神奇的。如果你对改变旧生活走向未知的恐惧真的特别大，不管你怎么对自己掩饰，让自己察觉不到那种恐惧和对过去的留恋，你的意识还是会自动生成各种阻止你改变的“**合理化**”理由，让你“合理地”无法做出改变，以达到你内心“停留在过去”的愿望。

所以我们常说要看到自己的真相。对于改变，尤其如此。

“你真的想改变旧的生活和你自己了吗？你真的能够告别这种旧模式下你熟悉的安全感吗？你对未知真的做好准备了吗，还是其实充满了畏惧和惶恐？”无法回答这些问题，你的一部分自我就会不断阻止你的改变。

3. 你说的“改变”，其实都是在期待别人的改变

如果你说的改变，说来说去，其实说的是别人的改变，那么你和你说的“改变”之间，就不仅仅隔着你的思想和行动之间的距离，还隔着你和另一个人的距离。**他人即地狱，所以这几乎是不可逾越的距离。**

“我特别不满意我的生活、我的婚姻，可是我和我老公说了很多次了，我跟他谈心，我跟他讲道理，我也跟他讲后果，我试过威胁他，我甚至也提过离婚，但是他都无动于衷。”

“他就是每天晚上都要玩到三更半夜回来，回来还要抓着手机和别人搞暧昧，我觉得我真是对这种状态忍无可忍了，很难受，很想改变。可是怎么改变呢？”

我可以感受到她对生活强烈的不满，以及那种难受、煎熬的心境，可是她说的“改变”，其实不是自己的改变，而是深切期待着别人的改变，可以让自己的生活不费吹灰之力地变好。**期待伴侣改变、期待父母改变、期待领导改变，甚至期待社会改变。**

改变从来都是痛苦的，不适的，要付出代价的，充满考验的。**为了回避痛苦和不适，寄希望于“如果别人改变了，我们就不用改变”，这是很多人贪图简便的真实想法。**

可惜大家都这样想，那么谁也不会去改变。不好的关系于是就纠缠在一起，大家一起难受，都抱着以不变应万变的态度，人生倏地一下就过去了。

这样活也不是不可以。看你想要怎样的人生。不过，不畏惧那种改变的痛苦的人，就是可以活得自由和潇洒，就是可以拥有自己的人生。**我们称这样的人为“强大的人”。这是一种活法。**

这也是公平的。在我看来，这个人承受了改变的痛苦、付出了取舍的代价、告别了给予自己安全感的旧生活、顶住了他人不接纳的孤独，给自己力量，坚持走下去，最终形成了新的自己和人生——有付出有收获，很公平。

改变，并不是谁一定可以，谁一定不可以，或者谁拿了“改变”这条队伍里靠前的号码牌就能轻而易举。它对谁都不是一件容易的事情。因为它需要你跨越自己内心的关卡，需要你移除你自己设置在那里的阻碍。

当我们说到“改变”，好消息和坏消息都可以用一句话概括：**“你决定了，在你改变的想法和付诸行动之间的路程，是多远的距离。”**

人的脑袋里面，总是有很多种声音。每天起床，你做与不做，改与不改，都会有支持和反对的声音。我们需要去思考、有意识地整理，搞清哪些声音是你自己的，哪些声音是他人的、社会的、原生家庭的，哪些声音是在你内心深处回响了很久的，一直召唤你去面对的。你需要将这些声音整合，最后将大脑里杂乱无章的声音渐渐变成一种强有力的声音，让其他的都成为渐渐微弱的背景音。你的力量就不再被“做还是不做”的自我争斗消耗，而是指向一个明确的努力的方向。**从而做出你的改变，有意识地定制你的人生。**

不是所有问题都要被解决，这才是你要记住的人生真谛

可以将问题放在那里，不去解决问题，真的是一门高超的技艺。这里说的“不去解决问题”，是去面对、去接受、去理解内在真实，而不一定要改变、要解决，不一定要解决得好、解决得完美，而不是指逃避问题。逃避从来不是面对和接受，而是否定和掩饰，为了逃避，我们很多时候需要做很多事情，付出比直面、接受更大的代价。

以婚姻为例，面对、接受婚姻中的问题，而不苛求完美地解决，

指的是你充分地理解了你和对方的能与不能，看到了你和他各自的原生家庭、模式、创伤烙印和人性的局限。**于是你接受了你改变不了的那些婚姻中不够好的甚至痛苦的部分，你做出了自己的选择，不怨天尤人，不做受害者，也不做牺牲者，更不绑架他人。**

你清楚你过的日子是你的选择。你努力，但你不用你的努力去绑架他人必须要给你一个“预期中应该的结果”。

继续还是分开，这取决于你的评估和决定，但你的内心平静、清澈，和他人有着界限，亲密却不拉扯。

逃避问题的人，则是另一种状态。

如果有问题产生了，他们会努力证明自己没错，全部都是对方的错。

如果有问题，又被证明了不是自己的问题，而是另一方的问题，所以在他们的内心，他们始终体验到——自己完全有能力构建完美的婚姻，只是对方不靠谱。

他们觉得，只要问题不出在自己这里就是没有问题，这当然是一种逃避。

还有一种逃避，就是名义在婚姻关系里，身体和心灵都在婚姻之外，或者至少其中一种在婚姻之外，“我什么都不放进婚姻，当然也就不用去面对婚姻的问题了，毕竟我本人都不在这里面，那自然也就不需要去面对了嘛”。

这也是一种对问题的逃避。

还有一种人则是和问题死磕，即绝对不能接受有个问题还没解决好，但是我什么都没有做。

如果还是以婚姻为例，他们或许每天都在努力改变对方，不断讲道理，动之以情晓之以理，使出浑身解数，不达目的不罢休，而目的就是改变对方调整成自己预期中的样子，这样那个问题就被解决了。

“怎么可能把一个错误放在那里呢？那我会发疯的！”有的妻子可以几十年如一日去纠正丈夫的一种行为，可以说就是这种和问题死磕的典范了。比如洗澡时袜子随手扔了，没有放进盆里。死磕的态度就是，你每扔一次，我都要暴怒一次，批判一次，我还要一有机会就在家里抱怨你这种行为，我和你讲道理，我威胁你，反正我就是要你改正过来，将袜子放在正确的地方。结果也许是，丈夫一直没能做到和配合，没能让问题以她期待的方式得到解决。

很想问问这样的妻子，是否从未想过还有一种可能，就是接受他这个改变不了的样子，接受不了也可以离开。如果你不能离开，那你一定有留下来的理由，那么就接受生活。

一辈子在改变对方，解决问题，但是有那么多解决不完的问题在等着你去努力，你不累吗？

我知道，那些和问题死磕的人，会有这样的内心呐喊：可是生活不应该是这样的，可是这种错误是不应该去容忍的，太过分了，可是我怎么可能对自己（对他人）没有要求到这种程度呢？可是我接受不了，这个问题摆在那里，没有被解决……

这样的人，就是佛家里面说的“我执”，也是心理学里面说的，**无法整合好与不好，无法接受人格阴影部分，无法接受真实的生活本身就是有缺憾的，有负面的，有无常的**。不管你如何证明，你要解决的问题，或者你要改正的自己或他人的某个“不够好”是多么应该、多么正确正义、多么理直气壮，但是，如果执着于“必须解决”“必须变好”这样一个结果，那么就是你升起了一个念头，一个欲念，而后紧抓着这个欲念不放，非要欲念实现。这不是我执是什么呢？

谁说对的就必须要实现？

谁说努力了就一定能改变？

生活没有对的样子，它就是它，本来的真实的样子。不管你多么无法理解和接受，它的样子本就如此。

心理学中很多的精神障碍、痛苦情绪，各种强迫、焦虑、抑郁的神经症，都有一个共性的内因，那就是这些人缺乏接受生活真实、本来样子的能力。

因为没有这样一种能力，所以活在接近于幻想的地方。在幻想中，生活和关系必须是我想象中对的样子。

因此，这个人总是会有很多念头，很多控制，他必须使很多的劲，对自己、对他人，要将那些不符合幻想的、不对的、无常的、不受控制的部分解决掉。光是想想，就能体验到他的累，他的神经系统因此承受的压力，他的身体和心灵巨大的消耗。也可以联想到，既然一直有着必须将问题解决掉的强迫，那么解决不掉，他必然是抓狂的、失控的、万分自责的，对这样一个自己是无法接受的。

前面说的那位妻子，每次对丈夫发火说为什么你不能好好放你的袜子时，她也在意识没有察觉的地方，在潜意识中责怪、憎恨着自己，为什么没能改变自己的丈夫，为什么没能解决这个问题，甚至为什么当初选择了这么个人，以及为什么如今没有能力离开这个人？所以，**一个人对问题的接纳力，也是对自我的接纳力，是爱自己的体现，是高超的心理能力**。这种能力会让你更平静和谐，更具有强大的整合能力，说白了，就是它会让你体验到更多的满足和幸福，而不是总在行动、在解决、在焦虑、在控制。

问题除了被解决，或者遗憾地解决不了，它还有另一个和我们联结的路径，它还有另一种更具内涵的出场意义：**它的出现不是为了让我们去解决，而是为了让我们去思考，去发现，去观察，以看见更深处的自己和更深处的对方。**

看见我们各自的原生家庭，我们代际的那些创伤、缺失、匮乏，我们在人性中的共同的弱点、畏惧，从而让你看见你的生命，你所处的这个世界，破除自恋幻想后的真实的样子。

那么来这世界一趟，将自己和周遭看清楚，将爱恨背后的机制看清楚，将那些释怀不了的情绪看清楚，最终释怀、接纳，也算是一种完满。

如果抱怨了丈夫几十年的妻子，最后看清楚了，自己接受不了丈夫不将袜子放在正确的地方，是因为自己如此地追求完美，不能容许家庭里出现脏乱的情况，而这是因为自己小时候在家里就是个没有被父母好好接纳过的小女孩，因为自己始终诚惶诚恐，想做对一切事情，想做得非常完美，达到父母的所有的要求以赢得他们的接受和爱；如果丈夫能够看清楚，自己坚持几十年就是不去按照妻子的要求改正，坚持将袜子乱扔，是因为每当他被教育和要求时，他就在体验着自己小时候追求完美的妈妈给自己那种无处不在的控制，他的所有反抗都被镇压了，而他在妻子的要求中体验着，“也许这个妈妈是可以包容我的”这份重大的补偿，他一面被妻子不断抱怨，一面坚持着不改正，确定这个女人不会因此离他而去。于是他在这样一件小事情里面，重复的体验中，稍微疗愈了自己，“我可以坚持错，却能够不被抛弃，能够被接受”，也许这就是他要的。

我们不能说这是最好的选择，没有什么最好的选择。

但是每一个坚持背后，都有其原因。不只是对正确的坚持，那些对错误的坚持，对强迫性重复的坚持，对痛苦的坚持，都一样有其原因。

我们不是要把生活过得完美，弄得没有问题，我们的潜意识，很多时候是在呈现出问题，借由问题呈现的机会，给我们一些关于生命深处的线索，让你有机会看到自己和对方，从现在看明白过去，从过去看懂现在。

穿越时间，穿越那些不可弥补的创伤和错误，透过深刻的认知，完成和解。不再挣扎，不再拧巴，不再不甘。

将问题留在那里，不解决，顺应着问题去看看它带来的那些背后的东西，你会得到意想不到的答案，这是一种新的认知。

脱离对错的评判体系，才有观察和分析，才有接纳。

而另一份收获则是，你可以体验到脱离“我一定要怎样”的执念。这次你不是要怎样，而是你可以去看看，为什么会这样。太急于要怎样，每一次都要怎样，你就失去了弄懂为什么会这样的机会。

你的人生，不是为了赢，而是为了遇见你自己。

抑郁的源头，是你对自己的不满

负面情绪的源头，抑郁的源头，很多时候来自一个人对自己的不满。

一个人虽然可能对环境不满，表现得很愤怒，指责环境和他人不应该如此，但其实，他也对无力彻底改变或无法控制环境的这个“不够好的自我”，极为愤怒和嫌弃。只不过这可能只是在他的潜意识层面，而意识层面他只能意识到他对外界的不满。但潜意识里面，他对自己的攻击一直没有停止过。所以这样的人是很累的，内在不可能和谐，因此他可能抑郁，可能活在非常负面的一种感觉里。为什么会如此呢？

简单说就是，在他们的“自恋幻想”里面，他们应该是可以完全操控环境的无所不能的人，而不是普通人，不是芸芸众生——所以控制不了环境，那么自己就很糟糕，这是不可接受的——**既不能接受不被控制的环境，也不能接受这样一个自己。**

有很多人在当下对自己不满意，即使是在一个目标实现了之后，仍然很难真正地去休息，去享受自己赢得的胜利，仍然很难感到幸福。这样活着好像一辈子就变得勉为其难，而且很不值得。为什么如此呢？

他们为什么不能肯定自己的成就，不能享受生活，对自己这么严苛而不自觉呢？

这里面其实有一个很重要的“认知的阴影”，那就是可能在他很小的时候，他就被父母投射了这样一种人设——他们投射了自己的孩子是一个非常完美的孩子，那么他将来当然应该能够成为一个极度优异的人。

这其实已经完全偏离了理性和客观，因为这些父母没有理性，没有对自己和社会客观的、真实的认知，而只有疯狂的自恋。所以这些父母对孩子的投注其实都是充满着一种病理性的自恋的味道。

这不是我们常常提倡的那种自信、自尊，也不是一个心理学意义上健康的、稳定的、合理的自恋，这是一种偏离了理性的、偏执的、病态的自恋。

在这样的一种病态自恋的感觉里：你的父母会看似坚定地认为他们是这个社会中极为杰出的人（但实际上他们又很自卑无力，觉得自己改变不了什么）；你的父母认为所有的困难和痛苦，生活的不如意，都是因为他们碰巧活在了一个糟糕的环境里，所有的糟糕都是外界环境或者他人造成的，是因为“我的运气不够好”；你的父母会认为，如果外界的一切足够配合的话，他们能够成为了不起的人，甚至是改变世界、拯救地球的人（其实是凌驾于他人、可以对他人进行控制的人）；你的父母在内心中认为自己是一个道德完美主义者，一个只做对的事情的人，只不过这个世界极为不公平，并不是所有的好人都有好报，这是世界的错……

我想我不需要再去列举了，但我们可以去想象，这样的父母会如何看待他们所创造和养育的孩子呢？代表着他们自己的一部分，作为他们的传承，并且成为他们满足自己疯狂自恋以及极度控制的工具。这样的父母，他们会给孩子投射什么？

“我的孩子应该是不同凡响的，我对孩子的养育是杰出的且没有任何问题需要思考和修正的，孩子应该是优秀、完美并且对我言听计从的。”

他们要的孩子是：

（1）能配得上父母疯狂的自恋（所以你永远优秀得还不够）。

（2）如果孩子有任何成就，那是因为他是我的孩子（归功于自己）。

（3）他应该很有能力，但是他必须被我所掌控（一个有能力的人受制于我，意味着我很厉害）。

（4）如果他做不到以上，那就是他欠我的（他必须欠我的，不然我怎么控制他，让他成为我要的样子呢？）。

所以他们不能看到一个真正的孩子，一个真正的生命。他们其实也不愿意看到真实的孩子、真实的生命。

因为如果看到，那么就分化了，他就无法去控制、占有、侵蚀“孩子的自我”来为“我的自恋”所用。

所以对很多人来说，被看见，其实意味着被当作一个不从属于谁的独立的生命个体对待，这是一件多么基本却又如此艰难的事情。什么是被当作一个独立的个体去看见呢？其实很多人对此的体验是零，是完全陌生的。我举个例子。

一个孩子喜欢唱歌，他拥有天籁般的嗓音，但可惜的是他没有办法在大众面前唱歌，因为他特别不愿意站在舞台上面对着很多人唱歌。他愿意的只是去唱，在一个私人（只有他信任的几个人）空间里唱歌。

他的唱歌不是表演，他有超强的歌唱天赋，但是表演，或者把他的歌录下来给其他人听，这对他而言是一种折磨，他会不舒服，会不开心。

是有些可惜。因为这样的话他可能不能成为明星，成为歌唱家，成为声乐老师了。他的歌声也因此可能只有少数人听见，他会因此失去很多的机会。但是，这就是他。你看见并且尊重他这种存在，这就是对独立生命个体的看见。他可以只唱给他自己听。但是他的父母一直想要去改变他，花钱请老师训练他，迫使他更勇敢一点，去面对大众唱歌，不断质问他究竟害怕什么？为什么不能？

对他表达“你必须要做到这件事”，对他表达“如果你做不到我是多么的失望”，让他感觉到如果他不能克服他的“不想”，那么爸爸妈妈就不再爱他，爸爸妈妈的辛苦就得不到回报，让他感觉到如果他坚持他的自我，那就是对爸爸妈妈的辜负和伤害，那就是不道德，就是毫无情感的表现。

这个孩子，最终可以表演了。他有了唱歌的成就，他的父母很满意。但没有人知道，从那一刻起，这个孩子不再喜欢唱歌。他每一次站在大众面前唱，都像美人鱼为了让巫婆给她一双腿而行走在刀尖上。大家听到了他动人的天籁之音，父母满足于把这个孩子培养出来了。但是没有人“看到”他，没人看到他背叛了他自己。

你能看到这个人吗？**我们每个人可能都有我们的能和不能，愿和不愿的地方，当我们能够看到自己的能和不能、愿和不愿，这叫作对自己的看见。**

这个例子中，孩子的父母不愿意看到这个孩子的“不能、不愿”，他们对于这个孩子不能在大众面前唱歌无法接纳、无法理解也不可能接受，所以他们把孩子变成了“更合理、更好”的样子。但是这个更合理背叛了孩子的真实，这个更好也非这个孩子所愿。那是父母或者他人的心愿。如上面的例子——当他人的心愿湮没了你的心愿，并在你的生命里得以实现的时候，这就是对你的生命的吞噬。

曾经有人在留言中问，为什么很多文章总是要谈到父母和原生家庭？因为不谈那些，你连在你生命里发生了什么，什么至今还在统领着你的生命你都不知道，你却想绕过这些找到让你自己感觉到舒服的办法？那不是自欺欺人吗？

很多时候我们的心理健康出了问题，或者是当我们陷入长期的自责，长期的自我攻击中，或者是当我们取得了荣誉、实现了目标也不开心的时候，这个时候其实我们都没有能够真正地看见自己的能和不能。

一个人看不见自己，是因为他被父母占据了他的生命。他的自我早已被淹没和背叛，躲在重重迷雾的背后。

所以心理的成长，很多时候就是一个重新找回失落的自我的过程。

很多人和父母的恩怨纠缠，其实是围绕着一场关于自恋的战争。

你半生的努力，所满足的可能只是你父母病理性的自恋。而你的父母并没有在养育中给予你滋养，来帮助你建立你的健康自恋。因此，你努力半生，却觉得自己毫无价值，一事无成。因为你还不曾拥有属于你自己的自恋。

问问你自己，作为一个脱离了父母投射的普通人，做到什么，你才能喜欢自己，对自己满意呢？

我来过，我努力过，我不在乎结局

“人生就是西游，越想做的事情，越做不到。”

——今何在

人的痛苦，无非是两种，想要的得不到，得到的并不是自己想要的。

其实，这两种痛苦也可以归纳为一种。

我想要的，我得不到，我很痛苦，我得到了我想要的，但这个得到的，也会渐渐变成我不想要的，我还想要别的，于是我还是痛苦——似乎我们永远都在盼望着，能够得到某样东西、达到某个目标。

这个过程永远不会停止，直到生命的终点。

真相就是，历经艰辛得到了你想要的，你也不会快乐满足很长的时间。

那么我们到底怎样才会快乐？我们到底怎样活着才有意义？明知道没有一劳永逸的结局，我们到底还折腾什么？

我想说，折腾本身就是意义。

“这个世界，我来过，我战斗过，我不在乎结局。”

1. 无力感没有打败你，就能成就你

今何在二十三岁的时候，在天涯论坛写出了《悟空传》。这本书里随处可见，当时那个面对世界无所畏惧的年轻人的激情，孙悟空面对天庭想要灭掉他的神仙，挥舞着金箍棒冲向可能的失败和死亡，他呐喊出的那一句“这个世界，我来过，我战斗过，我不在乎结局”，也唤醒了无数读者内心的那个有激情的自我。

这本小说，因此成为一些人心中的经典。

面对他人和环境，面对我们无法控制的结局，人人都会有无力感。

但是每个人面对无力感的方式不同，于是产生了不同的选择，也造就了不同的人生。

如果无力感没有打败你，把你变成一个满嘴宿命、无所事事，再也不想为了任何事情去争取、去奋斗，只会为自己找理由，把所有的责任推给别人和社会的人，那么无力感会成就你。

死亡焦虑是我们人类心理的终极焦虑，对每一个人都是如此。面对死亡这样一个结局，我们所有人的潜意识都充满了无力感。

实际上，我们在现实中遭受的很多挫折、得不到我们想要的那种绝望，有时让我们痛苦到无法承受和面对，是因为这种挫折与绝望勾起了我们内心深处身为人类无法改变生命，终将走向死亡的那种无力。

这种感受，的确是很难面对的。

所以可以理解，因此沉沦的人很多。

“我什么也不想做，反正做了改变不了什么。”在你心里，有没有过浮现出这句话的时候？

面对生活中无处不在的失败、丧失、拒绝、得不到的绝望，有的人选择放弃或者一直“丧”下去，告诉自己：“我很在乎结局，可是我无能为力。”

但是，什么才是你心中的好结局？

即使再喜欢的人，得到了也可能会不再喜欢；当初再相爱的人，在一起了也可能不再相爱；那么想拥有的职位或者头衔，可能过个五年、十年对你就失去了意义；说得远一点，即便你得到了全部想要的，也无法改变自己会走向死亡的命运这一大结局。

所以，我把“我什么也不想做，反正也改变不了什么”这句话修改了一下——既然没有所谓的“好结局”，哪来什么无能为力？

孙悟空面对可能无法战胜的天庭的众仙，遍体鳞伤还要挥舞着金箍棒去战斗的时候，他心里想的不是结局，而是当下。

2. 精打细算、步步为营的人生就好吗？

如果精于算计，你可能永远不会“白费力气”，可能会活得很聪明，可能会拥有一些外人看来让人羡慕的东西，因为你总是从结局的各种概率来评估自己的付出，应该付出多少，这种付出有没有意义。

还有一类人比较傻。明知道会受伤还是要扑上去，明知道会失败，还是要投入，明知道坚守只会浪费时间，还是要坚守，从现实的“结局”看，他们似乎很失败。

但是，前者因为总是算计，总是小心翼翼，从来不能很好地投入自我，没有沉浸其中、不顾一切的那种体验；而后者无论最后得到了什么，他人生的过程中常常会有“在做我特别想做的”那种高峰体验。

这是根本无法做比较的事情，这是两个维度的人生。

一个二十八岁的女孩在后台给我留言，她对我说：“即使我知道，我继续和这个我朋友认为的‘渣男’交往，我努力表现做好自己，希望最终能够让他真的爱上我，让他真的去面对我们之间的感情，不再逃避，但是他每一次对我的冷漠，每一次强调自己其实不会和我有未来，这些话都像刀子一样划得我很疼。”

“可是，我还是想争取。”

很多情感专栏会教人谈恋爱，驯服男人，得到理想的另一半，留住一段关系，怎样保持距离会得到恋人的重视，怎样后撤才能增加婚前谈判的价码，应该和哪种男人交往，应该远离哪种男人——是的，这些都没错，但是这仅仅是一个层面、一个维度、一种方法。

而那个女孩在做的事情，在我看来，是有关感情的另一个层面和维度。

干脆地离开“渣男”，是一种聪明的选择，一种很好的态度。

用一些方法让男人成长，变得对你不再“渣”，则是一种方法，这是有体系、有理论、有无数成功案例已经被证实的规律。但是，你是一个独一无二的个体，你有和别人完全不同的内心体会，你的潜意识模式，你的爱恨情仇，你的需要与渴求，能触动你生命感受的那个点，和任何人都不同——这里没有规律可循，唯一有发言权的，只有此刻的你自己。

这个女孩，承受着像刀割一样的痛苦，却还放不下“渣男”，一定有她自己的原因。

这不是可以用对错、划算、今天不放手会导致何种结局来衡量的事情。

在我看来，她不离开，就是因为此时此刻的她，需要这样一种过程，这样一种体验，她需要承受痛苦，不顾一切去爱，这是她通往自己的道路。

如果有一天，她改变了，成长了，走到了道路的另一个点了，她或许自然就会离开了。或许即便不离开，也不再觉得痛苦了。

每个人的这个过程，都没有捷径。

这个女孩把她的故事写在后台给我看。

她吐露心声，但并没有问我，我是不是该现在就狠下心离开？

所以，我想她心里早有答案。

3. 不要被结局锁死在命运里

人的需求被满足了，马上就会有下一个需求，目标达成了，很快会有下一个目标，得到了想要的，你的幸福感只能持续很短的时间，所以让我们快乐、觉得有意义的人生的答案，不可能在结局中去找寻，我们必须跳出结局论，从另外一个角度来看待人生。

这个角度就是过程。

“人生就像西游，越想做的事情，越做不到”，这句话有的人看到，会产生一种无力感，同时也为自己的无所事事找到理由，“反正我做了也不能改变什么”。

但有想做的事情，不就是一种幸福吗？不就是一种意义吗？

在我看来，无论是少年、青年还是中年、老年，你早上起床，还有自己真的想做的事情，这就是一种很大的意义。

为什么一定要要求“做到”那个结局？

或者说为什么一定要有一个可以预见的“好结局”才允许自己去投入、去做？

对于很多人来说，我们从小被教育“生命不能拿来浪费”“浪费生命是可耻的”，我们早上六点半起床念书，到晚上十一点睡觉，寒暑假都在学习，玩耍还要带着一种罪恶感，因为衡量我们的好坏，我们的意义的唯一标准就是“成绩”。

就业了，衡量标准就是单位；赚钱了，衡量标准就是收入；成家了，衡量标准就是不吵架、不离婚；有孩子了，衡量标准又开始和你小时候一样循环：什么时候走路、什么时候说话、什么时候认字……周而复始，循环往复。

我们就是这样被结局锁死在命运里。

如果这样活着，人和蝼蚁没有分别。

即便是法力高强的孙悟空，在天庭众仙和强大的法器面前，也是可以被随时捏死的“蝼蚁”，但是他选择战斗，抛开结局论，只是要拼尽全力，这一刻，他就不是“蝼蚁”。

众仙、权威要用结局来衡量他、判定他的全部意义，而他能够跳出这个结局，即便看到失败仍然要去努力，他就挣脱了“决定他人命运”的众仙和权威的控制。

这是我喜欢的人生哲学。

《悟空传》里，孙悟空、天蓬元帅、阿紫、卷帘将军的牺牲都没能改变花果山那些村民被残忍屠杀的命运，“你以为你能改变命运吗？”这句话很多次出现在电影之中，坐在电影院里的我内心的独白是：战斗，不是改变命运的方法，而是面对命运的态度。

明知无能为力，还要去做，还要向着“不可能”的目标努力，那就是一种活着的态度，和命运无关，它或许无法改变命运——但是这种活着的态度可以改变你，让你成长，让你变得更有力量，让你可以活在不一样的世界里。

如果你只会衡量结局，在乎有没有得到，你的付出有没有回报，那么你可能总是感到无力和绝望，因为你无法控制他人，但如果你停止对结局评估和打分，不要按照这个标准去衡量自己的好与坏，有用和无用，那么你就能在早上起床的时候，渐渐找到你想要去做的事情，无论最终你能不能做到。

“我很在乎结局，我也许无能为力，但我还是会去努力。”如果真的这样去想，那么你就活在了当下。

4. 不再是宇宙的中心，那么你是谁?

我们怎么可能没有无力感呢?

除了婴儿时期的那种全能自恋感，当我们渐渐成长，我们会发现，我们的确不是宇宙的中心。

我们不能用意念控制结果，不能呼风唤雨，不能改变那些让我们心碎的事情。这就是人活着的真相。

对于很多人来说，可能至今都还在努力接纳这个真相的过程之中。

我们有时对事情结局的执着，就是我们不接纳真相，我们还以为我们是无所不能的、宇宙中心的潜意识的体现。

所谓的成长，就是渐渐能够接受我们无法改变结局，即便我们非常努力。成长的内容还包括，当你发现你无法改变结局了，你要怎么活下去呢?

今何在抱着“觉得我只要战斗就可以改变世界”的想法，写出了《悟空传》，十七年后，当这部小说被改编成电影上映，人到中年的今何在说：你渐渐会发现，你不是孙悟空，你能做的只是，你总要去战斗。“我现在并没有比当年明白多少，如果说明白，只是明白了自己更加无力，你真的没有办法大闹天宫，你会真的明白现实。”

这是年少轻狂和人到中年的区别。当你认识到现实往往出乎你的控制和预期，这就是对于我们成长的考验。

我已经知道了，我不是宇宙的中心，我还能不能找到我自己呢?

我不是宇宙的中心，我不能大闹天宫，现实如此强大和残酷，那么我是谁?

我所理解的“找到自己”，其实是找到意义。

面对无法改写的现实，找到活着的意义，就是找到自己。

如果活在结局的衡量里，活在现实的标准下，当然就无法找到自己，你会迷失在这个庞大的、充斥各种定义和评估方式的世界里。

那个“自己”，其实存在于你赋予自己的意义之中。

没有全能自恋感了，不再以为自己无所不能，可以大闹天宫，还要肩负沉重的现实责任，是一种怎样的感受?

有人说，活到一定的年纪，我发现“完全的自由”不存在，我也不可能只为自己而活，我结婚了、生小孩了，我现在必须履行我的责任，放下我曾经的理想。但是，你还是可以给这样的自己赋予意义——你承担了你选择的一切后果，你努力肩负责任，想要给家人创造幸福而艰难前行，这个你，此时此刻，还是充满了意义。

和我们面对现实的无力感相对应的是，我们永远都有赋予自己意义的资格和权利。

“我曾爱之弥深，
即使我无所获，
我仍感不虚此行。”

——赫尔曼·黑塞《朝圣者之歌》